U0573361

食品功能性成分的制备与应用发展

秦　楠/著

武汉理工大学出版社
·武　汉·

内 容 提 要

本书旨在介绍食品功能性成分的最新制备工艺及在食品中的应用现状及发展。本书在详细论述活性多糖、活性脂类、自由基清除剂、功能性色素和功能性甜味剂的制备及应用的基础上，重点阐述活性肽与活性蛋白的制备、活性肽与活性蛋白在食品中的应用。本书从食品功能性成分的制备要求出发，力求内容科学，技术新颖，层次清楚，结构合理，实用性强，贴近食品功能性成分生产实际。本书可供食品、功能性食品、保健食品、特医食品和药品开发与利用领域的技术人员参考。

图书在版编目（CIP）数据

食品功能性成分的制备与应用发展 / 秦楠著. -- 武汉 ：武汉理工大学出版社，2024. 8. -- ISBN 978-7-5629-7195-5

Ⅰ. TS201.2

中国国家版本馆 CIP 数据核字第 2024A5A344 号

责任编辑：严　曾
责任校对：尹珊珊　　　排　　版：任盼盼
出版发行：武汉理工大学出版社
社　　址：武汉市洪山区珞狮路 122 号
邮　　编：430070
网　　址：http：//www.wutp.com.cn
经　　销：各地新华书店
印　　刷：北京亚吉飞数码科技有限公司
开　　本：710×1000　1/16
印　　张：14.25
字　　数：227 千字
版　　次：2025 年 3 月第 1 版
印　　次：2025 年 3 月第 1 次印刷
定　　价：89.00 元

凡购本书，如有缺页、倒页、脱页等印装质量问题，请向出版社发行部调换。

本社购书热线电话：027-87391631　87664138　87523148

·版权所有，盗版必究·

前　言

随着时代的变迁,人们的生活方式发生了巨大的变化,饮食结构也正在随之而改变。快节奏的生活方式、膳食结构的不平衡导致糖尿病、高血脂、高血压、动脉粥样硬化等"富贵病"的人群在不断增加。因此,特别需要一些在人体正常生理条件下能有效预防现代社会"文明病",在特殊生理状态下能促进不同年龄群的健康成长与延年益寿,以及在特殊生活方式下能抗疲劳、增强免疫力等的功能性食品(也称功能食品)。功能食品是食品的一种类别,它既具有一般食品的共性,又具有调节机体功能的作用,但不以治疗为目的。功能食品之所以能发挥生理调节作用,是因为它们含有某些生理活性物质——功能性成分。

功能性成分是指能通过激活酶的活性或其他途径来调节人体机能的物质。功能性成分的制备方法和技术是生产功能食品的基础,同时,功能性成分在食品加工中的应用也日益受到人们的广泛关注,基于此撰写了本书。

本书旨在介绍食品功能性成分的制备工艺及在食品中的应用。全书共9章。第1章阐述了功能食品的概念及分类、功能食品中的生理活性物质、功能食品的发展概况及发展趋势,使读者对功能食品的基本理论有初步的了解。第2章至第6章具体论述了活性多糖、活性脂类、自由基清除剂、功能性色素、功能性甜味剂的制备工艺及在食品中的具体应用。第7章和第8章详细阐述了活性肽和活性蛋白的制备工艺。第9章重点介绍了活性肽与活性蛋白在食品中的应用。

本书在广泛吸收国内外研究成果的基础上,按照专业、实用的原则,系统介绍了食品功能性成分常用的制备技术,补充了食品工业中不断发展和应用的新方法、新技术,反映了当今食品科学的前沿和进展,整体内容既体现系统性、科学性,又注重实用性。

　　在体系编排上,本书首先介绍了基础理论和研究进展,然后深入探讨了几类常见功能性成分的制备工艺及在食品中的应用,最后三章论述了活性肽和活性蛋白的制备工艺及在食品中的应用。全书力求将理论与实践相结合,将最新提取分离工艺理论与实际应用技术融为一体,旨在为读者提供一个全面而实用的参考。

　　本书在撰写过程中参阅了大量有关功能性食品的书籍和期刊文献,同时为了保证论述的全面性与合理性,本书也引用了许多专家、学者的观点。由于作者水平有限,加之时间仓促,书中难免存在疏漏之处,恳请广大读者批评指正。

秦　楠
2024 年 1 月

目　录

第1章 绪 论

随着中国社会的快速发展和经济繁荣,国家的强大为人们带来了前所未有的生活水平提升。然而,这种富足的生活也带来了新的问题和困扰。在丰富的食品供应面前,人们很容易陷入不健康的饮食习惯,从而导致肥胖症、糖尿病、高血压、高血脂等所谓"文明病"的流行。为了解决这些问题,人们开始更加关注自身的健康,并采取各种措施来降低患病的风险。除了保持健康的饮食和生活方式,现代人对食品的需求也在发生变化。人们不仅关注食品的营养价值和口感,还希望食品能够具有调节人体生理活动的功能。为了满足这种需求,功能性食品应运而生。功能性食品是指除具有基本营养价值和口感外,还具有调节人体生理活动作用的食品。这种食品的出现为人们提供了更多的选择,帮助人们在享受美食的同时,维护和提升自身的健康。开发功能性食品的主要目标是满足人类对健康的最大需求。通过合理的配方和加工技术,功能性食品可以针对不同人群的需求,提供具有特定功能的食品。例如,针对肥胖问题,可以开发低热量、高纤维的食品;针对心血管疾病,可以开发富含不饱和脂肪酸、抗氧化物质的食品。功能性食品不仅有助于预防疾病,还能在一定程度上辅助治疗和康复。对于某些慢性疾病患者或特殊人群,功能性食品可以作为药物治疗的辅助手段,提高治疗效果和生活质量。

1.1　功能性食品的概念及分类

随着生活方式的改变和工业化进程的加速,人类面临着越来越多的健康问题。营养过剩和营养失调导致的各种慢性疾病,如肥胖症、心脑血管病、糖尿病等,已经成为全球性的健康威胁。同时,人口老龄化、环境污染等问题也使得人们对健康的关注度日益提高。在这种背景下,功能性食品应运而生,并受到广泛关注。世界各国都在积极研发和推广功能性食品。例如,有机食品、绿色食品、健康食品、膳食补充剂等,都是功能性食品的重要类别。这些食品的研发和生产,不仅有助于改善人们的健康状况,也为食品工业提供了新的增长点和市场机遇。然而,需要注意的是,虽然功能性食品对健康有许多益处,但它们并不能完全替代药物。在选择和使用功能性食品时,消费者应该保持理性,根据自身的健康状况和营养需求进行合理选择。同时,政府和相关机构也应该加强对功能性食品的监管和宣传,确保其安全性和有效性。

1.1.1 功能性食品的定义

功能性食品也叫功能食品,是指具有特定营养保健功能的食品,即适宜于特定人群食用,具有调节机体功能,不以治疗为目的的食品。[①]常见的功能性食品包括酸奶、豆制品、鱼油、谷物、蔬菜、水果等。这些食品通常含有较高的维生素、矿物质、膳食纤维、抗氧化剂、益生菌等成分,可以通过改善身体内部环境,帮助预防疾病或者缓解疾病症状。

由于各国和地区对功能性食品的称谓并没有统一的规定,所以有不同的叫法,例如健康食品、特定保健用食品、改善食品等。尽管功能性食品的概念尚未得到全世界的公认,但这种强调食品具有调节生理活动

---

① 励建荣.论中国传统保健食品的工业化和现代化 [J].食品科技,2004（12）: 1-5.

功能的观点已经得到了广泛认同。在欧洲,功能性食品被称为"健康食品";在美国,被称为"营养增补剂";在德国,被称为"改善食品"。在我国,由于保健食品这个称谓由来已久,因此生产和销售单位一直沿用该称谓。各国对功能性食品的管理和分类都有自己的规定和标准,以确保产品的安全性和有效性。同时,随着人们对健康饮食的关注度不断提高,功能性食品市场也在不断扩大。

1.1.2 功能性食品的分类

1.1.2.1 以调节机体功能的作用特点来分类

功能性食品包括多种类型,例如,增强免疫力的食品、抗衰老食品、提高记忆力的食品、促进身体发育的食品、缓解疲劳的食品、帮助减肥的食品、增强耐缺氧能力的食品、防辐射的食品、抗突变的食品、抑制肿瘤生长的食品、调节血脂水平的食品、改善性功能的食品以及调节血糖的食品等。这些食品旨在满足不同人群的健康需求,通过调节身体的生理功能来达到预防疾病、促进健康的目的。

（1）补充营养素类。这类功能性食品主要是为机体提供必要的营养素,如维生素、矿物质、膳食纤维等,有助于维持身体的正常生理功能。

（2）抗氧化类。这类功能性食品具有抗氧化的特性,可以清除体内的自由基,从而减少氧化应激反应对机体的损害,有助于延缓衰老和预防慢性疾病。

（3）具有调节功能类。这类功能性食品能够调节机体的某些生理功能,如调节免疫、血糖、血脂等,有助于预防和治疗某些疾病,如糖尿病、免疫系统疾病等。

（4）功能性的碳水化合物类。这类功能性食品主要提供功能性的碳水化合物,如低聚糖、可溶性纤维等,有助于改善肠道健康、降低血糖等。

（5）功能脂类。这类功能性食品含有高含量的特定脂肪酸,如鱼油、坚果等,有助于降低血脂、保护心血管健康。

（6）植物性的化学成分类。这类功能性食品含有植物中的特定成分,如茶多酚、大豆异黄酮等,具有抗氧化、抗炎等作用,有助于预防和治疗慢性疾病。

（7）益生菌类。这类功能性食品含有益生菌,有助于改善肠道菌群平衡、增强免疫力等。

1.1.2.2 以产品的形态来分类

根据产品形态的不同,功能性食品可以分为多种类型。这些新的产品形态不仅满足了消费者的多样化需求,也为功能性食品产业的发展提供了更多可能性。

（1）软糖类。软糖是一种柔软、有弹性的糖果,通常含有功能性成分,如维生素、矿物质等,具有补充营养、增强免疫等功效。

（2）果冻类。果冻是一种甜味、半透明的食品,通常含有功能性成分,如植物提取物、益生菌等,具有调节肠道健康、改善消化等功效。

（3）饮料类。饮料是一种液体食品,通常含有功能性成分,如茶多酚、咖啡因等,具有提神醒脑、抗氧化等功效。

（4）蛋白棒类。蛋白棒是一种高蛋白、低糖的食品,通常含有功能性成分,如蛋白质、纤维等,具有补充能量、增加肌肉等功效。

（5）冻干类。冻干是一种通过冷冻干燥技术制成的食品,通常含有功能性成分,如水果、蔬菜等,具有保持营养、补充能量等功效。

除此之外,功能性食品还有其他多种形态,如糖果、饼干、零食等。这些产品形态都是为了更好地满足消费者的口感需求和健康需求。

1.1.2.3 根据科技水平分类

（1）第一代产品（强化食品）。根据不同人群的营养需求,有针对性地将营养素添加到食品中,这类功能性食品实际上并没有经过严格的科学验证来证实其声称的功能效果,而是基于理论上的推测。这种分类方式是基于产品中含有的营养成分和有效成分,而不是经过科学试验验证的实际效果。因此,这类产品并未经过充分的科学验证来证实其宣传的功能效果,这也意味着它们在科学上并不一定具有所声称的益处。

（2）第二代产品（初级产品）。与第一代产品不同,第二代产品不仅在理论层面上强调其功能,还要求经过人体和动物试验以证实该产品确实具有所声称的生理功能。这意味着第二代产品在功能性宣称上需要更严格的科学依据,不仅依赖于食品中的营养成分和其他有效成分,还要经过实际的科学试验来验证其功能效果。因此,与第一代产品相比,第二代产品更加注重科学实证,以证明其宣称的功能性效果。这种科学验证对于产品的质量和消费者的信任度都至关重要,是第二代产品的核心要求之一。这类产品如三株口服液、脑黄金、脑白金、太太口服液等,主要是对第一代产品的科技含量的进一步发展,同时也有一定的治疗效果。

（3）第三代产品(高级产品)。第三代功能性食品在研发过程中,不仅需要通过人体和动物试验来验证其具有特定的生理功能,还需要深入研究并明确实现这一功能的功效成分。这包括对该功效成分的结构进行详细分析,精确测定其含量,探索其在体内的作用机制,以及研究它在食品中的相互作用和稳定性。这类产品在我国市场上仍然较少,而且大多数功效成分的研发来源于国外,我们在这一领域还缺乏系统而全面的自主研究。因此,对于第三代功能性食品的研发和推广,我们需加强自主创新能力,深入挖掘和研究具有我国特色的功效成分。这类产品包括鱼油、多糖、大豆异黄酮、辅酶 Q10 等,具有更高的科技含量和更精确的功效定位。

1.2 功能性食品中的生理活性物质

功能性食品中的生理活性成分是真正发挥生理作用的物质,它们是生产功能性食品的关键。目前已经确定了许多生理活性物质,其中包括生物活性肽与蛋白质、活性多糖、功能性甜味剂、功能性油脂、自由基清除剂、益生菌以及其他功效成分。这些物质在功能性食品的研发和生产中起着至关重要的作用,为人们提供了更多健康选择。

1.2.1 生物活性肽与蛋白质

氨基酸通过肽键连接形成肽和蛋白质,这些有机物质都是构成细胞的基本成分,对生命活动起到至关重要的作用。膳食中蛋白质的推荐摄入量(RNI)是根据个体的年龄、性别、体重和活动水平等因素来确定的,以满足机体对蛋白质的需求。此外,蛋白质还作为载体参与维生素和微量元素的运输和储存。因此,保持适当的蛋白质摄入量对于维持身体健康和生命活动至关重要。

1.2.1.1 生物活性肽

生物活性肽(Bioactive Peptides,BAP)是指一类对生物机体的生命活动有益或是具有生理作用的肽类化合物,是一类相对分子质量小于6000Da,具有多种生物学功能的多肽。它们广泛存在于植物、动物、微生物以及日常的食物中,对人类健康有重要作用。[①]

肽类药物是指利用生物活性肽作为药物成分的药物,它们通常具有特定的生理活性,能够调节人体的代谢和生理活动。由于生物活性肽的分子结构复杂程度不一,因此可以通过不同的修饰手段进行改进和优化,以提高其药效和稳定性。根据其功能的不同,肽类药物可以分为生理活性肽、调味肽、抗氧化肽和营养肽等多种类型。这些药物在医疗领域中具有重要的应用价值,能够帮助患者提高生活质量并促进康复。目前,生物活性肽凭借其活性高、毒副作用小、易于吸收、作用特异性强等优点,已经广泛应用于疾病治疗,涉及 14 个医疗领域,共计 140 多个品种。

1.2.1.2 活性蛋白

活性蛋白是一种复杂的有机化合物,由氨基酸通过脱水缩合形成肽链组成。每一条多肽链由二十至数百个氨基酸残基组成,这些氨基酸残基按照一定的顺序排列。它既包括除了具有一般蛋白质的营养作用外,

---

① 王欣莹,张冬冬,曹冰.我国生物活性肽研究文献的定量分析 [J].安徽农业科学,2012(18):9657-9658,9660.

还具有某些特殊的生理功能的蛋白质,如乳铁蛋白、免疫球蛋白、超氧化物歧化酶 SOD 等,也包括具有生物活性的蛋白质。

活性蛋白可以作为优质的蛋白质成分,是人体重要的组成成分,也是人体存在所必需的物质,需要在日常生活中不断从食物中尤其是肉类中获得。活性蛋白可以发挥抗氧化、抗血栓、修复细胞等作用,让皮肤变得光滑有弹性。同时,活性蛋白在疾病防治方面也有重要作用。

1.2.2 活性多糖

多糖(polysaccharide)是由糖苷键结合的糖链,至少要超过 10 个的单糖组成的聚合糖高分子碳水化合物。活性多糖的种类繁多,包括多糖、寡糖和糖蛋白等。按照来源,可以将活性多糖分为植物多糖、动物多糖和微生物多糖等。这些多糖都具有广泛的生物活性和应用价值,在食品、医疗、保健等领域都有着广泛的应用。

1.2.2.1 膳食纤维

膳食纤维是指一种不易被消化的食物营养素,主要包括纤维素、半纤维素、果胶物质、亲水胶体(树胶、海藻多糖、黏胶等)、抗性淀粉和抗性低聚糖等。

膳食纤维具有多种健康益处,如促进肠道蠕动、预防便秘、降低血糖和血脂等。它不会被胃肠道消化吸收,也不能产生能量,但对于维护人体健康具有重要作用。

根据溶解性,膳食纤维可以分为可溶性膳食纤维和不可溶性膳食纤维。可溶性膳食纤维主要包括果胶、植物胶、黏胶等,它们在水果和蔬菜中含量较高,具有调节血脂、血糖及肠道菌群等多种好处。不可溶性膳食纤维包括纤维素、部分半纤维素和木质素等,主要存在于谷类外皮、根茎类蔬菜、粗粮中,可以促进肠道蠕动,缩短食物在胃肠道滞留的时间,有利于通便。

膳食纤维的来源主要是全谷物、豆类、水果、蔬菜及马铃薯等食物。在日常生活中,应适量进食富含膳食纤维的食物,以维护身体健康。

1.2.2.2 真菌多糖

真菌多糖是一种多糖类糖蛋白,由多糖和蛋白质组成,具有一定的抗菌作用,可以抑制细菌生长。它具有螺旋状立体构型,由三股单糖链构成,是一种重要的天然抗菌多糖。此外,真菌多糖还具有调节机体免疫功能、诱导细胞凋亡等作用。

真菌多糖的来源广泛,包括食用菌和药用菌等。

1.2.3 功能性甜味剂

功能性甜味剂一般不具有或具有较少的热量,有的还具有特殊的功能,如促进双歧杆菌增殖、抗龋齿、提高免疫力等。常见的功能性甜味剂包括低聚糖、多元糖醇等。有些功能性甜味剂还具有特殊的化学性质,如耐热性高、稳定性好、不易被人体吸收等。这些特性使功能性甜味剂在食品加工和生产中具有广泛的应用前景。

1.2.3.1 功能性单糖

功能性单糖是指具有特殊功效的单一糖类(碳水化合物),多数是自然界中天然存在的成分,如水果的浆汁和蜂蜜等。

功能性单糖具有许多独特的性质和功能。首先,它具有低热量、改善血糖、改善肠道功能、抗龋齿和不易引起肥胖等不同功能和特性。其次,功能性单糖是经过现代生物技术提取得到的单一天然产品,其成分和功效各不相同。

功能性单糖包括结晶果糖、L-阿拉伯糖、塔格糖、木糖等。在功能性单糖中,不同产品的功能和作用有所不同,例如 D-（+）-岩藻糖具有最强的还原力,其次是 D-葡萄糖,而 D-半乳糖和 D-甘露糖的还原力很弱。

此外,根据来源和性质,功能性单糖还可以分为其他几类。例如,天然存在于许多植物和动物组织中的 D-（+）-岩藻糖具有改善肠道健康和保护大脑健康等功效。其他常见的功能性单糖包括结晶果糖、L-阿拉伯糖、塔格糖和木糖等。

1.2.3.2 功能性低聚糖

功能性低聚糖,又称为非消化性低聚糖,是由 2 ～ 10 个相同或不同的单糖聚合而成,具有直链或支链结构的低聚物。它们具有甜度、黏度和水溶性等糖类的特性,但不被人体胃酸、胃酶降解,不在小肠吸收,可到达大肠。

功能性低聚糖具有调节血糖、调节血脂、抗龋齿等作用。研究表明,功能性低聚糖能够促进人体对钙、铁等矿物质的吸收,提高骨密度,减少骨质疏松的风险。此外,功能性低聚糖还有助于增加排便,防治便秘等作用。

1.2.3.3 多元糖醇

多元糖醇是一种新型糖醇,是具有两个或两个以上的羟基官能团的多元醇类,主要作为糖类衍生物,由相应的糖经催化加氢制得。

多元糖醇是一类常见的甜味剂,具有低热量、不引起蛀牙等优点。它们在人体内的代谢速度较慢,因此提供的热量较低。此外,多元糖醇还具有不引起蛀牙的特点,因为口腔中的细菌无法利用多元糖醇进行发酵产酸。

多元糖醇在食品工业中有广泛的应用。它们常被用作替代糖的甜味剂,用于制作低糖或无糖食品。多元糖醇可在糖果、巧克力、口香糖、饼干等食品中取代蔗糖,为消费者提供甜味的同时减少糖的摄入量。由于多元糖醇具有低热量的特性,它们被广泛应用于减肥食品和控制血糖的食品中。此外,多元糖醇还能够增加食品的质地和稳定性,改善口感,延长保质期。

多元糖醇的化学结构与单糖相似,但其分子大小相对较大,常见的多元糖醇包括山梨醇、木糖醇、甘露醇和赤藓糖醇等。这些多元糖醇具有不同的物理和化学性质,如甜度、黏度、吸湿性等。在食品工业中,根据不同分子量可应用到不同领域,如低分子量可应用于日化、高端食品等领域,中分子量可应用于现代农业、精密电子等新兴领域;高分子量可应用于可降解材料等。

需要注意的是,多元糖醇虽然具有许多优点,但过量摄入可能会引起胃肠道不适,出现如腹胀、腹泻和胃灼热等症状。因此,在食用含多元糖醇的食品时,应注意控制摄入量。

1.2.4 功能性油脂

功能性油脂是指具有特殊生理功能和保健功能的油脂,它们对人体具有一定的保健和药用功能,并对一些缺乏症和内源性疾病具有防治作用。功能性油脂是一类重要的脂溶性物质,包括多不饱和脂肪酸、磷脂和某些具有特殊功能的油脂。多不饱和脂肪酸是人体必需的脂肪酸,具有降低胆固醇、预防动脉硬化、抑制血栓形成等作用,对心脑血管疾病有很好的预防作用。磷脂是细胞膜的重要组成成分,具有维持细胞结构和功能的作用。此外,功能性油脂还含有一些具有特殊功能的物质,如角鲨烯、膳食纤维、维生素、矿物质等。

功能性油脂的应用广泛,主要用于食品工业、医药保健等领域。在食品工业中,功能性油脂可作为添加剂添加到食品中,改善食品的品质、营养价值和口感等。在医药保健领域,功能性油脂可用于预防和治疗心脑血管疾病、糖尿病等疾病,提高人体免疫力。

功能性油脂的分类有多种方式,根据来源可分为天然功能性油脂和制备型功能性油脂。天然功能性油脂主要来源于植物和动物,如橄榄油、花生油、鱼油等。制备型功能性油脂是通过化学合成或生物技术等方法制备得到的,如人工合成的多不饱和脂肪酸和磷脂等。

功能性油脂的应用需遵循相关法规和标准,确保安全性和有效性。同时,消费者在选择功能性油脂时应根据自身需要和身体状况适量使用,避免过量摄入而引起不良反应。

1.2.4.1 天然功能性油脂

天然功能性油脂是指从自然界中提取的具有特殊生理功能和保健功能的油脂。这些油脂具有多种对人体有益的成分,如不饱和脂肪酸、磷脂、角鲨烯、植物固醇等,对心脑血管疾病、糖尿病、肥胖症等具有一定的预防和辅助治疗作用。

常见的天然功能性油脂包括橄榄油、花生油、玉米油、芝麻油、亚麻籽油、沙棘油等。这些油脂中的不饱和脂肪酸含量较高,具有降低胆固醇、预防动脉硬化、抑制血栓形成等作用,对心脑血管疾病有很好的预防作用。同时,这些油脂还含有丰富的维生素 E、角鲨烯等成分,具有抗氧化、抗炎等作用,有助于保持身体健康。

天然功能性油脂的应用广泛,主要用于食品工业、医药保健等领域。在食品工业中,天然功能性油脂可作为添加剂添加到食品中,改善食品的品质、营养价值和口感等。在医药保健领域,天然功能性油脂可用于预防和治疗心脑血管疾病、糖尿病等疾病,提高人体免疫力。

需要注意的是,天然功能性油脂虽然具有许多优点,但过量摄入可能会引起胃肠道不适,出现如腹胀、腹泻和胃灼热等症状。因此,在食用含天然功能性油脂的食品时,应注意控制摄入量。

1.2.4.2 制备型功能性油脂

制备型功能性油脂是指通过化学合成或生物技术等方法制备得到的具有特殊生理功能和保健功能的油脂。这些油脂的成分和结构可以人为地控制和调整,以满足不同应用的需求。

制备型功能性油脂的成分和结构多种多样,包括多不饱和脂肪酸、磷脂、鞘脂、糖脂等。这些油脂具有多种对人体有益的生理功能,如降低胆固醇、预防动脉硬化、抑制血栓形成、抗肿瘤、抗炎等。此外,制备型功能性油脂还具有改善食品品质、增加食品营养成分等功能,对人体的健康有很好的促进作用。

制备型功能性油脂的制备方法包括化学合成和生物技术等。化学合成方法可以制备出结构较为简单的功能性油脂,如人工合成的多不饱和脂肪酸和磷脂等。生物技术方法可以利用微生物发酵、植物提取等方法制备出具有复杂结构和特殊功能的油脂,如植物固醇、谷维素等。

制备型功能性油脂的应用十分广泛,主要包括食品工业、医药保健、化妆品等领域。在食品工业中,制备型功能性油脂可用于改善食品的品质、营养价值和口感等,如添加到人造奶油、巧克力、糖果等食品中。在医药保健领域,制备型功能性油脂可用于预防和治疗心脑血管疾病、糖尿病等疾病,提高人体免疫力。在化妆品领域,制备型功能性油脂可用于护肤、护发等产品中,如添加到润肤霜、唇膏、洗发水等日化用品中。

1.2.5 自由基清除剂

自由基清除剂是一类能够清除体内自由基或阻断自由基参与氧化反应的物质。自由基清除剂分为非酶类清除剂和酶类清除剂。非酶类清除剂主要包括维生素 E、维生素 C、$\beta-$ 胡萝卜素、微量元素硒等，以及还原性谷胱甘肽、硫辛酸、依达拉奉等。酶类清除剂主要有超氧化物歧化酶（SOD）、过氧化氢酶（CAT）、谷胱甘肽过氧化物酶等。[①]

1.2.5.1 非酶类清除剂

非酶类清除剂是一类用于清除体内自由基的物质，通常为抗氧化剂。这些物质可以阻断自由基参与氧化反应，从而保护机体免受氧化损伤。

非酶类清除剂具有广泛的应用前景，尤其在预防和治疗心脑血管疾病、癌症、糖尿病等疾病中发挥了重要作用。此外，非酶类清除剂还可用于食品和化妆品中，以增加产品的抗氧化性能和营养价值。

在使用非酶类清除剂时，应注意遵循相关法规和标准，控制摄入量，避免过量摄入而引起不良反应。同时，针对不同的个体情况和健康需求，选择合适的非酶类清除剂和使用剂量也十分重要。

非酶类清除剂与酶类清除剂相比，具有稳定性好、易保存等优点。一些非酶类清除剂如维生素 C、维生素 E 等在体内可发挥直接清除自由基的作用，而酶类清除剂则需要通过酶促反应来发挥清除自由基的作用。因此，非酶类清除剂在某些情况下可能更具有应用价值。

1.2.5.2 酶类清除剂

酶类清除剂是一类能够清除体内自由基或阻断自由基参与氧化反应的物质，具有保护机体免受自由基带来的氧化损伤的作用。酶类清除剂一般包括：超氧化物歧化酶（Superoxide dismutase，SOD），这是一种能够清除超氧阴离子自由基的酶类清除剂，主要存在于动物体内，具有

---

① 刘俊，朱文娴．谈军用功能性食品的应用和发展 [J]．中国食物与营养，2004（12）：26-27．

抗氧化、抗衰老、抗炎症等作用；过氧化氢酶(Catalase, CAT)，这是一种能够催化过氧化氢分解为水和氧气的酶类清除剂，主要存在于植物和动物体内，具有清除过氧化氢、保护细胞免受氧化损伤的作用；谷胱甘肽过氧化物酶(Glutathione Peroxidase, GPX)，这是一种能够催化还原型谷胱甘肽与过氧化氢反应生成氧化型谷胱甘肽的酶类清除剂，具有保护细胞膜免受过氧化损伤的作用。

酶类清除剂在人体内发挥着重要的防御作用，可以清除体内的自由基，减少氧化应激反应对机体的损害。这些酶类清除剂在人体内具有一定的活性，可以维持机体的健康状态。在某些疾病状态下，这些酶的活性可能会下降，导致机体对自由基的清除能力减弱，增加患病风险。因此，保持酶类清除剂的活性对于维持身体健康具有重要意义。

需要注意的是，酶类清除剂是一类重要的生物活性物质，在体内发挥着重要的生理功能。然而，不同物种和个体之间的酶类清除剂活性存在差异，且在某些疾病状态下，酶类清除剂的活性可能会受到影响。因此，针对不同的个体情况和健康需求，选择合适的酶类清除剂和使用剂量十分重要。同时，在使用酶类清除剂时，应注意遵循相关法规和标准，避免过量摄入而引起不良反应。

1.2.6 有益微生物

有益微生物是一类对人体具有重要保健功能的微生物群落。在人体内的微生物生态系统中，肠道微生物占据了最大比例，并与人体生理和健康状况紧密相关。这些有益微生物在维护人体健康、平衡肠道微生物环境等方面发挥着至关重要的作用，因此成为微生态学研究的重点领域。人们已经认识到肠道有益菌群的重要性，因此以乳酸菌等有益微生物发酵制成的各种保健食品备受人们青睐。这些保健食品可以帮助调节肠道微生物平衡，增强免疫力，预防疾病，对促进人体健康具有积极作用。

1.2.6.1 乳酸菌的种类

乳酸菌是一类对人体有益的微生物，它们在人体肠道微生物中占据主导地位，对维护人体健康起着重要作用。根据不同的分类标准，乳酸菌可以分为不同的类型。

按照乳酸菌的属种分类,可将乳酸菌分为三大属,包括乳杆菌属、双歧杆菌属和链球菌属。按照乳酸菌发酵类型分类,可分为动物性乳酸菌和植物性乳酸菌两大类。动物性乳酸菌是以奶或奶制品等动物性食源为培养基发酵而成的乳酸菌,如嗜酸乳杆菌、保加利亚乳杆菌等。植物性乳酸菌是以纯天然粮食作物或果蔬类为培养基发酵而成的乳酸菌,如干酪乳杆菌、瑞士乳杆菌等。

乳杆菌属是一类能利用可发酵碳水化合物产生大量乳酸的革兰氏阳性菌,主要包括嗜酸乳杆菌、干酪乳杆菌、德氏乳杆菌、发酵乳杆菌、瑞士乳杆菌、副干酪乳杆菌、植物乳杆菌、罗伊氏乳杆菌和鼠李糖乳杆菌等。它们主要存在于人体的口腔、肠道和阴道等部位,是人体微生物群落中的优势菌群之一。

双歧杆菌属是一类革兰氏阳性菌,主要存在于人体的肠道中,是肠道微生物群落中的重要组成部分。双歧杆菌属包括青春双歧杆菌、两歧双歧杆菌、短双歧杆菌、婴儿双歧杆菌和动物双歧杆菌等多种菌种,对维护肠道健康具有重要作用。

链球菌属是一类常见的革兰氏阳性菌,存在于人体的口腔、肠道和阴道等部位。链球菌属包括粪链球菌、乳链球菌、唾液链球菌等多种菌种,其中有些菌种对人体有益,如乳链球菌可以产生乳糖酶,帮助消化乳糖;有些菌种则对人体有害,如粪链球菌可以引起人类咽峡炎。

明串珠菌属是一类能利用可发酵碳水化合物产生大量乳酸的革兰氏阳性菌,主要存在于食品加工过程中,如酸奶制作等。明串珠菌属包括肠膜明串珠菌、葡萄糖明串珠菌等菌种。

片球菌属是一类小型革兰氏阳性菌,主要存在于食品和饲料中,如奶酪、黄油等。片球菌属包括片球菌和四联球菌等菌种。

此外,根据乳酸菌的形态特征,可以分为球菌状乳酸菌和杆菌状乳酸菌两大类。球菌状乳酸菌包括明串珠菌属和链球菌属等;杆菌状乳酸菌包括乳杆菌属、双歧杆菌属和梭菌属等。

1.2.6.2 乳酸菌的生理功能

(1)营养作用。乳酸菌可以产生一些有益的代谢产物,如乳酸、乙酸等,这些物质可以降低肠道 pH 值,抑制腐败菌的生长,减少毒素的产生,从而保持肠道健康。此外,乳酸菌还可以提高人体的免疫力,帮助身体抵御病原体的侵袭。

(2)抗菌和维持肠道菌群平衡。乳酸菌通过多种机制来发挥其抗菌和维持肠道菌群平衡的作用,从而在维护人体健康方面起着重要的作用。乳酸菌能够通过产生乳酸、乙酸等有机酸来降低肠道 pH 值,从而抑制有害菌的生长,如大肠杆菌、沙门氏菌等。同时,这些有机酸还可以刺激肠道蠕动,促进食物消化吸收,预防便秘的发生。乳酸菌能够通过与其他细菌之间的相互作用来调整菌群之间的关系,维持和保证菌群的最佳优势组合及这种组合的稳定。这种相互作用可以通过竞争、拮抗等方式来实现。例如,乳酸菌可以与有害菌争夺营养物质和生存空间,从而抑制有害菌的生长繁殖。

(3)抗肿瘤作用。乳酸菌具有多重抗肿瘤作用,乳酸菌在肠道内的繁殖有助于调整菌群平衡,抑制有害菌的生长。同时,促进肠道蠕动,缩短致癌物质在肠道内的停留时间,从而降低其与肠道黏膜的接触机会,减少患癌风险。乳酸菌能够抑制某些有害菌分泌致癌物,从而降低这些物质对人体的危害。例如,乳杆菌能够分解致癌物 N- 亚硝基胺,使其失去致癌活性,进一步降低患癌症的风险。

(4)降低胆固醇。乳酸菌在降低胆固醇方面的作用机制主要有以下几个方面。乳酸菌通过产生羟基甲基戊二酸来抑制胆固醇的合成。羟基甲基戊二酸能够抑制羟基甲基戊二酰基 CoA 还原酶的活性,这是一种参与胆固醇合成的关键酶。通过抑制这个酶的活性,胆固醇的合成得以减少,从而降低血液中胆固醇水平。乳酸菌在发酵过程中产生的乳清酸也被证实可以降低胆固醇。乳清酸可通过影响胆固醇代谢或促进胆固醇排泄等方式来降低胆固醇水平。此外,一些乳酸菌还能够吸附和结合肠道内的胆固醇,减少胆固醇的吸收,进一步降低血液中胆固醇水平。[①]

(5)增强免疫功能。乳酸菌能够激活机体吞噬细胞的吞噬活性,提高抗感染能力。吞噬细胞是人体免疫系统中的重要成分,它们能够吞噬和消灭入侵的病原体和有害物质。乳酸菌的激活作用可以提高吞噬细胞的活性,增强其对病原体的清除能力,从而提高人体的抗感染能力。

---

① 杜敏,南庆贤.双歧杆菌及其保健机理 [J].食品与发酵工业, 1995(2): 81-83.

肠道免疫细胞是人体肠道内的免疫力量,它们产生抗体来对抗肠道内的有害菌和毒素。乳酸菌的摄入可以刺激肠道免疫细胞产生更多的抗体,从而提高肠道的免疫功能。此外,乳酸菌的细胞壁被溶菌酶分解而生成的肽聚糖可增强免疫反应。肽聚糖是乳酸菌细胞壁中的一种成分,当其被分解时可以刺激免疫细胞的反应,增强机体的免疫力。乳酸菌在肠道内定植相当于自然自动免疫,可诱发机体的特异性免疫反应。当乳酸菌在肠道内定植后,它们可以刺激机体的免疫系统产生特异性的免疫反应,从而增强机体的免疫力。

(6)解毒保肝方面功能。乳酸菌通过抑制腐败菌的生长来减少有毒物质的产生。腐败菌在肠道内产生吲哚、甲酚、胺等需在肝脏中解毒的物质。乳酸菌的抑制作用可以减少这些有毒物质的产生,从而减轻肝脏的解毒负担。乳酸菌通过抑制肠内腐败细菌的生长,减少了这些细菌产生的毒胺、靛基质、吲哚、氨硫化氢等致癌物质和其他毒性物质。这些物质对人体有害,可以引起多种疾病,包括癌症和肝病等。因此,乳酸菌的抑制作用有助于预防这些疾病的发生。此外,长期服用乳酸菌及其制品,如酸奶,也被认为与保加利亚人的长寿有关。这可能是因为乳酸菌的解毒保肝作用有助于延缓衰老过程,从而延长寿命。

(7)乳酸菌的抗辐射作用。主要表现在双歧杆菌的分泌产物可能对造血器官有保护作用。辐射暴露会导致造血器官受损,影响血液细胞的正常生成。而双歧杆菌的分泌产物能够通过多种机制来减轻辐射对造血器官的损害,促进造血功能的恢复。

炎症是辐射暴露后常见的反应之一,它会导致组织损伤和功能紊乱。双歧杆菌的分泌产物具有抗炎作用,能够减轻辐射引起的炎症反应,保护造血器官免受损伤。造血干细胞是造血器官中的重要成分,负责生成各种血细胞。辐射暴露会导致造血干细胞受损,影响其增殖和分化能力。而双歧杆菌的分泌产物能够刺激造血干细胞的增殖和分化,促进血液细胞的再生和修复。此外,辐射暴露会导致免疫功能紊乱,增加感染和疾病的风险。双歧杆菌的分泌产物能够调节免疫细胞的活性,促进免疫功能的恢复,降低感染的风险。

1.2.7 海洋生物活性物质

海洋资源含有许多具有特殊生理意义的活性物质,这为研制开发海洋类保健食品提供了有利条件。

1.2.7.1 海洋活性物质的种类

（1）膳食纤维。膳食纤维在维持肠道健康方面起着至关重要的作用。它们可以增加食物在肠道中的体积，促进肠道蠕动，帮助形成大便，从而有助于预防便秘。此外，膳食纤维还可以与肠道内的胆固醇结合，降低血液中胆固醇的水平，有助于预防心血管疾病。

海藻酸、卡拉胶和琼胶等膳食纤维来源广泛，不仅存在于海洋植物中，也存在于一些陆地植物中。这些物质具有不同的理化性质和生理功能，因此在食品工业中有着广泛的应用。例如，海藻酸可以用于制作海藻酸盐，卡拉胶可以用于制作果冻、软糖等食品，琼胶则可以用于制作甜品、糖果等食品。

（2）甲壳质和壳聚糖。甲壳质和壳聚糖是一种天然高分子多糖，主要存在于蟹壳、虾壳等甲壳类动物的外壳中。它们具有多种生物活性和医疗保健作用，被广泛应用于医药、食品、化妆品等领域。

甲壳质和壳聚糖具有抗菌作用。它们能够抑制多种细菌、真菌等微生物的生长，从而有助于预防和治疗由这些微生物引起的感染性疾病。此外，甲壳质和壳聚糖还具有抗炎作用。它们可以抑制炎症反应，减轻红肿、疼痛等症状，对于治疗炎症性疾病具有较好的效果。

除了在医药领域的应用外，甲壳质和壳聚糖还被广泛应用于食品、化妆品等领域。在食品工业中，它们可以作为食品添加剂、保鲜剂、口感改善剂等，提高食品的品质和安全性。在化妆品领域，甲壳质和壳聚糖可以作为保湿剂、抗衰老剂等，有助于提高皮肤质量和延缓衰老。

（3）活性多糖。活性多糖是一类具有生物活性的天然高分子多糖，在自然界中广泛存在。其中，蓝藻多糖、海藻硫酸多糖和海参粘多糖等是常见的活性多糖，它们具有多种生物活性和医疗保健作用。

活性多糖能够刺激机体的免疫系统，促进免疫细胞的增殖和分化，提高机体的免疫功能，从而有助于预防和治疗感染性疾病、肿瘤等疾病。例如，海藻硫酸多糖能够激活巨噬细胞、T 淋巴细胞等免疫细胞，增强机体的免疫力，预防感冒、流感等常见疾病。

活性多糖能够抑制肿瘤细胞的生长和扩散，同时提高机体的免疫功能，有助于预防和治疗肿瘤疾病。例如，蓝藻多糖能够诱导肿瘤细胞的凋亡,抑制肿瘤细胞的增殖,从而达到抗肿瘤的作用。

此外,活性多糖还具有抗病毒的作用。它们能够抑制病毒的复制和传播,从而有助于预防和治疗由病毒引起的疾病。例如,某些活性多糖能够抑制 HIV 病毒的复制,从而有助于预防和治疗艾滋病。

除了上述作用外,活性多糖还具有抗氧化、降血糖、降血脂等作用,对于预防和治疗慢性疾病具有积极的作用。

（4）DHA 和 EPA。DHA 和 EPA,全称为二十二碳六烯酸（DHA）和二十碳五烯酸（EPA）,是两种重要的 ω-3 脂肪酸。它们在海洋生物,特别是深海鱼和某些海藻中被广泛发现。这两种脂肪酸对人体健康,尤其是心血管健康,具有非常重要的作用。

DHA 和 EPA 有助于降低心血管疾病的风险。它们能够降低血液中的甘油三酯水平,增加高密度脂蛋白（HDL）的水平,从而有助于清除动脉中的胆固醇,保持动脉通畅。此外,DHA 和 EPA 还具有抗炎作用,可以缓解动脉粥样硬化和冠心病等心血管疾病的症状。

DHA 和 EPA 还对神经系统健康有益。它们是大脑和视网膜中细胞膜的重要成分,对胎儿和婴儿的神经发育以及维持成人的神经系统功能至关重要。研究显示,适当摄入 DHA 和 EPA 可以改善认知功能、减轻抑郁症的症状,以及降低阿尔茨海默病的风险。

此外,DHA 和 EPA 还具有抗炎、抗血栓形成等作用。它们可以抑制炎症反应和血小板聚集,从而有助于预防慢性炎症和心血管疾病。

值得注意的是,虽然 DHA 和 EPA 在深海鱼中被广泛发现,但过度捕捞和环境污染等问题可能会影响这些资源的可持续性。因此,我们可以通过合理的饮食和补充剂来满足人体对 DHA 和 EPA 的需求。富含 DHA 和 EPA 的食物包括深海鱼、海藻、坚果、种子等。同时,选择可持续的渔业资源和关注环境污染问题也是非常重要的。

（5）维生素。维生素是人体正常生理功能所必需的微量营养素,它们在人体内发挥着至关重要的作用。某些海洋生物,如盐泽杜氏藻,含有丰富的 β- 胡萝卜素和其他维生素,这些维生素对维持人体正常生理功能至关重要。

β- 胡萝卜素是一种重要的维生素 A 前体,对维护良好的视力和皮肤健康具有重要作用。维生素 A 还参与免疫系统的正常功能,有助于预防感染性疾病。此外,β- 胡萝卜素还具有抗氧化作用,可以清除自由基,减少细胞损伤,对预防慢性疾病如心血管疾病和癌症等具有一定的益处。

一些海洋生物还含有丰富的 B 族维生素,如维生素 B_1、B_2、B_6 和 B_{12} 等。这些维生素参与能量代谢、神经系统的正常功能以及红细胞的形成等,对维持人体正常的生理功能非常重要。缺乏 B 族维生素可能导致疲劳、神经系统问题、贫血等症状。

此外,一些海洋生物还含有丰富的维生素 C 和维生素 E 等抗氧化剂。维生素 C 有助于增强免疫力和促进铁的吸收,同时具有抗氧化和抗炎作用。维生素 E 则是一种脂溶性抗氧化剂,可以保护细胞膜免受氧化损伤,对预防心血管疾病和某些癌症具有一定的益处。

(6)矿物质。矿物质是人体正常生理功能所必需的微量元素,它们在人体内发挥着至关重要的作用。海洋生物含有丰富且比例适当的矿物质,如锌、硒、铁、钙及生物活性碘等,这些矿物质对维持人体正常生理功能至关重要。

锌是一种重要的矿物质,参与多种酶的合成和活性。锌对于维持免疫系统的正常功能、促进生长发育、维持生殖健康等方面具有重要作用。硒则是一种抗氧化剂,可以清除自由基,减少氧化应激反应,对预防心血管疾病和某些癌症具有一定的益处。

铁是红细胞的主要成分,参与氧的运输和细胞呼吸过程。缺乏铁可能导致贫血和疲劳等症状。钙则是骨骼和牙齿的主要成分,对维持骨骼健康非常重要。同时,钙还参与神经传导和肌肉收缩等生理过程。

此外,碘是甲状腺激素的合成成分,对维持正常的代谢和生长发育具有重要作用。生物活性碘还具有抗氧化和抗炎作用,对维护良好的健康状况具有一定的益处。

(7)活性肽。活性肽是生物体内一类重要的生物活性分子,由氨基酸组成,通常具有较小的分子量和特定的氨基酸序列。海洋生物含有丰富的活性肽、蛋白质和氨基酸,这些活性肽具有多种生物活性,对维持人体健康具有重要作用。贻贝、扇贝、鲍鱼、鳗鱼等海洋生物含有丰富的生物活性肽。这些活性肽通常具有特定的氨基酸序列和独特的生物功能,如抗菌、抗炎、抗肿瘤、抗氧化等。这些活性肽的发现和研究对于开发新型药物和功能性食品具有重要的意义。

一些海洋生物中的活性肽具有抗菌作用,可以抑制或杀死病原微生物的生长和繁殖,从而有助于预防和治疗感染性疾病。这些抗菌肽对于抗生素耐药的病原体具有良好的抗菌效果,因此被认为是潜在的新型抗菌药物。

此外,一些海洋活性肽还具有抗炎作用,可以抑制炎症反应的发生和进展,有助于缓解慢性炎症性疾病的症状。这些抗炎肽可以作为抗炎药物或功能性食品的成分,用于治疗或缓解类风湿性关节炎、炎症性肠病等慢性炎症性疾病。

另外,一些海洋活性肽还具有抗肿瘤作用,可以抑制肿瘤细胞的生长和扩散,甚至诱导肿瘤细胞的凋亡。这些抗肿瘤肽可以作为潜在的新型抗癌药物或辅助治疗手段,用于癌症的预防和治疗。

1.2.7.2 海洋抗肿瘤活性物质

海洋生物资源的活性成分和生理作用丰富多样,具有许多独特的生物活性,使其成为优质而丰富的药食同源资源。这些活性成分的种类广泛,主要集中在抗癌、提高免疫力、抗菌、抗病毒以及改善心血管功能等方面,具有很高的应用价值和开发潜力。

(1)许多海洋生物含有丰富的抗癌活性成分,如海藻中的多糖类、海参中的皂苷类等。这些活性成分可以抑制肿瘤细胞的生长和扩散,甚至诱导肿瘤细胞的凋亡,从而有助于预防和治疗癌症。这些抗癌活性成分的作用机制多种多样,包括直接杀伤肿瘤细胞、调节免疫功能、诱导细胞凋亡等。

(2)海洋生物中的活性成分也具有提高免疫力的作用。例如,海藻中的 $\beta-$ 胡萝卜素、硒等成分可以增强免疫系统的功能,从而提高人体对疾病的抵抗力。这些成分通过调节免疫细胞的活性、促进免疫因子的分泌等方式来提高免疫力,有助于预防感染性疾病和其他疾病的发生。

(3)海洋生物还含有多种抗菌、抗病毒的活性成分。这些成分可以抑制病原微生物的生长和繁殖,从而有助于预防和治疗感染性疾病。例如,贻贝中的贻贝黏蛋白具有广谱抗菌作用,可以有效地抑制细菌和真菌的生长。此外,一些海洋生物的提取物还具有抗病毒活性,可以抑制病毒的复制和传播,对于预防和治疗病毒性感染非常有益。

1.2.8 条件性必需氨基酸

1.2.8.1 牛磺酸

牛磺酸是一种具有重要生理功能的有机酸,广泛分布于体内各组织器官,尤其是中枢神经系统和视网膜等重要部位。其具有多种生物活性,如抗疲劳、抗氧化、抗炎、调节免疫等,与健康和疾病密切相关。在牛磺酸的生理作用中,对视网膜的影响尤为重要,其能够保护视网膜感光细胞免受光损伤,提高视觉功能。此外,牛磺酸还具有促进大脑发育和提高学习记忆能力的作用。

牛磺酸在食物中的来源主要有海产品、禽、畜和奶制品等。在这些食物中,牡蛎、蛤蜊和淡菜等海产品含有较高的牛磺酸,可高达400mg/100g 以上。相比之下,奶制品中牛磺酸的含量较低。牛磺酸具有多种功效,包括促进脂肪消化和吸收、抗氧化、调节渗透压和促进中枢神经系统发育等。目前,牛磺酸已被作为保肝强心的保健食品。通过补充适量的牛磺酸,可以帮助维护肝脏和心脏的健康,预防相关疾病的发生。此外,对于婴幼儿和特殊人群,合理补充牛磺酸还可以促进中枢神经系统的健康发育和维护身体功能。

在临床应用方面,牛磺酸主要用于缓解感冒初期的发热和眼部不适等症状,并可用于预防和治疗眼部疾病,如结膜炎和角膜炎等。此外,牛磺酸还可用于治疗心肌炎和癫痫等疾病。

（1）促进中枢神经系统的发育。牛磺酸在中枢神经系统中的作用十分重要,特别是在胎儿和婴儿的脑发育过程中。牛磺酸在脑组织中的浓度最高,远超过其他组织。在胎儿发育过程中,脑组织中的牛磺酸浓度显著高于出生后,这说明牛磺酸对于中枢神经系统的发育具有重要的作用。

牛磺酸可能对细胞的增殖、移行和分化等过程产生影响,从而促进中枢神经系统的发育。缺乏牛磺酸可能会对中枢神经系统的发育造成不良影响,因此补充适量的牛磺酸对于维持中枢神经系统的正常功能是至关重要的。

此外,研究还发现牛磺酸可以影响神经元的生长和突起的形成,以及神经递质的合成和释放等过程。这些研究表明,牛磺酸在神经系统的发育和功能中发挥着重要的作用,对于维持神经系统的正常功能和健康发育具有重要意义。

（2）抗氧化作用。牛磺酸具有显著的抗氧化作用,能够清除体内的氧化物质,从而保护机体免受氧化应激的损伤。牛磺酸可以与这些氧化物质结合,形成稳定的化合物,从而抑制氧化反应的发生。

在视网膜和神经细胞等高浓度牛磺酸的组织中,牛磺酸能够与自由基和其他氧化物质结合,降低细胞受损的风险,从而维持细胞的正常功能。这种抗氧化作用对于保护视网膜和神经系统的健康具有重要意义。

此外,牛磺酸还能够通过调节体内氧化还原反应的平衡,发挥抗氧化作用。通过抑制氧化物质的形成和促进抗氧化物质的产生,牛磺酸有助于维持机体的健康和延长寿命。

（3）调节渗透压。牛磺酸在调节渗透压方面也发挥着重要作用。它能够调节大脑和其他组织细胞的体积和渗透压,维持细胞的正常功能。在海洋鱼类中,牛磺酸已被证明具有这种调节作用。

在哺乳动物体内,牛磺酸参与维持细胞体积的调节,尤其是在高血钠、脱水和尿毒症等情况下。它可以调节体内的水分平衡,维持正常的细胞体积和组织功能。同时,牛磺酸在维持肾脏正常功能方面也具有重要作用,能够保护肾脏免受损伤。

此外,牛磺酸还具有保护心肌的作用,能够减轻心肌损伤和改善心肌功能。研究表明,补充牛磺酸可以降低心肌梗死的面积和程度,改善心肌细胞的能量代谢和抗氧化能力。

1.2.8.2 精氨酸

精氨酸是一种重要的氨基酸,在鸟氨酸循环中起着关键作用,对于氨的排泄和尿素的形成具有重要作用。精氨酸是鸟氨酸循环中的一个重要组成成分,这个循环是机体排泄氨的主要途径。当氨在体内积累过多时,精氨酸可以与其结合形成尿素,通过肾脏排出体外,从而降低氨对机体的毒性作用。因此,精氨酸的摄入有助于维持机体内环境的稳定,防止氨中毒。虽然精氨酸具有多种生理功能,但并不是所有人都需要额外补充。对于健康的成年人来说,通过合理的饮食就可以满足机体对精氨酸的需求。而对于需要额外补充精氨酸的人群,应该在医生的指导下进行,以免过量摄入导致不良反应。

精氨酸是一种双基氨基酸,其生理功能如下。

(1)正氮平衡与创伤愈合作用。精氨酸在维持氮平衡和创伤愈合方面具有重要作用。氮平衡是指机体摄入的氮与排出的氮之间的平衡状态,是评估机体营养状况的重要指标之一。精氨酸是鸟氨酸循环中的一个重要组成成分,这个循环是机体排泄氨的主要途径。精氨酸对于维持机体的正常生理功能和氮平衡具有重要意义。

此外,精氨酸在创伤愈合中也起着关键作用。它可以促进胶原组织的合成,有助于修复伤口。胶原组织是一种重要的蛋白质,在伤口愈合过程中起着支撑和修复的作用。精氨酸的补充可以促进胶原组织的合成,加速伤口的愈合过程。

(2)免疫调节作用。精氨酸在免疫调节方面也具有重要作用。

胸腺是机体的重要免疫器官,负责 T 淋巴细胞的发育和成熟。当机体中胸腺萎缩时,精氨酸可以促进骨骼和淋巴结中 CD 细胞的成熟与分化。CD 细胞是机体免疫系统中的重要成分,对机体的免疫应答和防御机制起着关键作用。补充精氨酸有助于 CD 细胞的成熟和分化,从而提高机体的免疫力。吞噬细胞是免疫系统中的重要成分,能够吞噬和杀伤病原体,从而保护机体免受感染。补充精氨酸可以增强吞噬细胞的活力,提高机体的免疫力。

此外,精氨酸还可以刺激垂体分泌生长激素,对促进儿童的生长发育具有重要作用。生长激素是促进骨骼生长和肌肉发育的重要激素,补充精氨酸有助于儿童的健康成长。

1.2.8.3 谷氨酰胺

谷氨酰胺是人体内含量最丰富的氨基酸之一,特别是在肌肉蛋白质中,游离的谷氨酰胺含量非常高,占细胞内氨基酸总量的61%。在某些应激条件下,如剧烈运动、受伤或感染,机体对谷氨酰胺的需求量急剧增加,可能会超过机体自身的合成能力,导致体内谷氨酰胺含量降低。这种情况可能会引发一系列不良反应,如小肠黏膜萎缩和免疫功能低下等。因此,对于那些处于应激状态或特定生理阶段的人来说,保证足够的谷氨酰胺摄入量就显得尤为重要。

除了作为肌肉蛋白质的重要组成成分外,谷氨酰胺还在其他许多生理过程中发挥重要作用,例如作为肠道细胞的能量来源、合成嘌呤和嘧啶等重要生物分子的原料等。因此,保持足够的谷氨酰胺摄入量对于维持身体健康和生理功能至关重要。

谷氨酰胺的生理功能主要如下。

(1)合成核酸的必需物质。谷氨酰胺在生物合成核酸过程中起到关键作用,是 DNA 和 RNA 合成的重要前体物质。

(2)氮与碳转移的载体。谷氨酰胺能够作为器官与组织之间氮与碳转移的载体,参与生物合成和代谢过程。

(3)氨基氮转运的携带者。谷氨酰胺可以作为氨基氮从外周组织转运至内脏的携带者,维持机体氮平衡。

(4)蛋白质合成与分解的调节器。谷氨酰胺是蛋白质合成与分解过程中的重要调节物质,影响细胞内蛋白质的合成和分解平衡。

(5)肾脏排泄氨的基质。谷氨酰胺是肾脏排泄氨的重要基质,有助于维持体内酸碱平衡。

(6)核酸合成的必要前体。谷氨酰胺是核酸生物合成的重要前体物质,对细胞增殖和 DNA 修复等过程具有重要作用。

(7)能量供应的主要物质。谷氨酰胺是小肠黏膜的内皮细胞、肾小管细胞、淋巴细胞、肿瘤细胞与成纤维细胞能量供应的主要物质,参与细胞能量代谢过程。

(8)其他氨基酸的形成。谷氨酰胺可以作为其他氨基酸的前体物质,参与氨基酸的合成代谢。

(9)维持酸碱平衡。谷氨酰胺在维持体内酸碱平衡方面发挥重要作用,有助于缓冲酸性物质。

1.2.9 其他功效成分

除了上述成分,功能性食品中还含有许多其他具有生理活性的物质,这些功效成分在功能性食品中发挥着重要的作用,可以帮助人们维护身体健康、预防疾病。然而,不同的人体对于这些成分的需求和反应存在差异,因此在选择和使用功能性食品时应根据自身情况和医生建议进行选择。

1.2.9.1 多酚类化合物

多酚类化合物是一类植物中化学元素的统称,广泛存在于植物中,如秋天的叶子。茶、蔬菜和水果等都是富含多酚类物质的食品。特别是茶叶,其中的茶多酚是绿茶的主要成分,具有抗氧化的作用,对人体的健康有益。

1.2.9.2 植物化学物质

植物化学物质是指存在于植物中的一类非营养性化合物,具有抗氧化、抗炎、抗癌、抗突变、抗寄生虫等多种生物活性。植物化学物质是植物防御机制的一部分,也是植物适应环境的重要方式。

植物化学物质可以分为许多不同的类型,如类黄酮、花青素、木酚素、香豆素、蒽醌类化合物等。这些化合物具有不同的生物活性,如类黄酮可以清除自由基、抗炎、抗癌等;花青素可以抗氧化、抗炎等。

植物化学物质在食品和医药等领域有广泛的应用。一些植物化学物质可以作为食品添加剂,增加食品的口感、色泽和香味等;一些植物化学物质可以作为药物原料,用于治疗某些疾病;还有一些植物化学物质可以作为天然防腐剂,用于延长食品的保质期。

需要注意的是,植物化学物质并不是营养物质,不能提供人体所需的能量和营养素。因此,在膳食补充剂或功能性食品中添加植物化学物质时,应该根据个人情况和医生建议进行选择,并避免过量摄入。

1.2.9.3 氨基酸

氨基酸、肽和蛋白质是构成生物体的三种重要有机物质,它们之间存在着密切的关系。氨基酸是构成蛋白质的基本单位,而肽是氨基酸的脱水产物,是蛋白质的结构片段。

氨基酸是构成生物体蛋白质的基本单位,具有氨基和羧基两种官能团。不同的氨基酸通过肽键连接在一起形成肽链,进而形成具有特定结构和功能的蛋白质。氨基酸在人体内的作用包括提供能量、合成蛋白质、转化为其他重要物质等。

1.2.9.4 脂肪酸

不同种类的脂肪酸对人体的健康影响也不同。饱和脂肪酸和反式脂肪酸摄入过多会增加心血管疾病、高血压、糖尿病等慢性病的风险，而单不饱和脂肪酸和多不饱和脂肪酸摄入适量则对健康有益，尤其是多不饱和脂肪酸，具有降低血脂、预防血栓形成、减轻脑功能衰退等功效。

因此，在饮食中应保持适当的脂肪酸比例，尽量选择富含单不饱和脂肪酸和多不饱和脂肪酸的食品，如鱼类、坚果、鳄梨等。同时减少饱和脂肪酸和反式脂肪酸的摄入，如动物油脂、炸食等食品。

1.2.9.5 维生素和矿物质

维生素和矿物质都是人体所需的营养素，对于维持正常的生理功能和身体健康非常重要。

维生素是维持人体正常代谢和身体健康必不可少的有机化合物，分为脂溶性和水溶性两类。它们在人体内不能合成或合成不足，必须由食物供给。维生素在人体内起着促进蛋白质的合成、维持正常代谢、促进生长发育等作用。缺乏维生素会引起各种疾病。

矿物质也是人体必需的元素，包括常量元素和微量元素。常量元素有钙、磷、镁、钠、钾等，这些元素在人体内的含量较多，与骨骼、牙齿等硬组织形成密切相关。微量元素有铁、铜、锌、碘、硒等，这些元素在人体内的含量较少，但它们是人体正常代谢所必需的。矿物质对于维持人体正常生理功能、促进生长发育、维持体内酸碱平衡等具有重要作用。

维生素和矿物质对于人体健康至关重要，缺乏这些营养素会引起各种疾病。因此，在日常饮食中应保证摄入足够的维生素和矿物质，多吃新鲜蔬菜、水果、全谷类食品等富含营养素的食物，避免偏食或暴饮暴食。

1.3　功能性食品的发展概况及发展趋势

1.3.1 功能性食品发展的特征

我国功能性食品的发展历程可以概括如下：

在几千年前，中国就有了与现代功能性食品相似的论述，如"药食同源""食疗""食补"。国外较早研究的功能性食品是强化食品，随着人们对营养素重要性的认识和补充，强化食品得到了迅速发展。20 世纪 80 年代以后，随着人们生活水平的提高和对健康的新追求，我国功能性食品行业得到迅猛发展。如今，我国功能性食品企业数量众多，产品种类丰富。国际市场上，功能性食品也呈上升趋势，尤其在欧美等发达国家，由于人们生活水平高、自我医疗保健意识强，功能性食品的产值很高。近年来，随着我国经济的持续增长和人们健康意识的增强，保健食品行业继续保持快速发展，但与发达国家相比，我国保健食品行业仍有发展空间。

我国功能性食品发展至今，已经具有一定规模，也逐渐被消费者关注和青睐。目前，我国功能性食品发展现状具有以下特征。

（1）企业数量较多。尽管我国功能性食品行业的企业数量较多，但大部分企业的规模普遍偏小，这在一定程度上限制了行业的发展速度和规模。近年来，这一情况正在逐步得到改善。随着市场的不断扩大和消费者需求的增加，越来越多的企业开始加大投入，扩大生产规模，提高产品质量和附加值。

（2）市场规模不断扩大。随着人们对健康需求的增加，功能性食品的市场规模不断扩大。功能性食品因其具有调节人体功能、预防疾病和促进健康的作用，受到了广大消费者的青睐。近年来，我国功能性食品行业市场规模稳步增长，增速持续保持在较高水平。

（3）年轻人成为消费主力。随着年轻人健康消费意识的升级，他们逐渐成为功能性食品的主要消费群体。年轻人作为社会的重要消费力量,对健康、时尚、品质等要求更高,更愿意尝试和接受新事物。因此,功能性食品成为他们追求健康和便捷生活方式的重要选择之一。

(4)线上渠道发展迅速。随着互联网技术的不断发展,线上渠道已经成为消费者获取功能性食品的重要途径。线上渠道具有便捷、快速、多样化的特点,能够满足消费者对于个性化、健康、营养的需求。同时,线上渠道还具有节省成本的优势,减少了中间环节和物流成本,使得产品价格更加实惠,也更具有市场竞争力。

(5)法规标准逐步完善。政府对功能性食品的监管逐渐加强,法规标准和审查机制也逐步完善。功能性食品作为食品的一个细分领域,其安全性和有效性对于消费者的健康至关重要。因此,政府对功能性食品的监管和法规标与准的制定非常重视。近年来,政府在功能性食品的监管方面不断加强,出台了一系列法规和标准,对产品的安全性、有效性、标签等方面进行了规范。这些法规标准的制定和实施,旨在保障消费者的健康权益,确保功能性食品的质量和安全。

(6)技术创新推动发展。随着科技的不断发展,功能性食品行业正迎来技术创新的浪潮。科技的不断进步和创新为功能性食品的研发、生产和营销带来了巨大的机遇和挑战。技术创新不仅提升了功能性食品的技术含量和品质,还为行业的发展提供了更广阔的空间。

技术创新对功能性食品行业的发展具有重要意义。首先,技术创新提高了功能性食品的技术含量和品质,满足了消费者对健康、营养、便捷等方面的需求。其次,技术创新推动了行业的转型升级,加速了功能性食品的创新和迭代,提高了行业的竞争力和市场占有率。最后,技术创新还有助于降低成本、提高效率,为企业的可持续发展提供了有力支持。

因此,功能性食品企业应加大技术创新的投入,积极探索和应用新技术、新工艺、新模式,提高产品的技术含量和附加值。同时,政府和社会各界也应鼓励和支持技术创新,加强产学研合作和技术转移转化,推动功能性食品行业的健康、快速发展。

1.3.2 功能性食品存在的问题

现阶段,我国功能性食品虽然发展较快,但存在的问题令人担忧,主要有以下几个方面。

(1)产品科技含量不高。功能性食品,作为满足人们特定健康需求的食品,其科技含量和品质至关重要。然而,目前市面上的许多功能性食品存在科技含量不高的问题。一些企业为了追求销售量,过度宣传或虚假宣传产品的功效,导致宣传与实际效果存在较大差异。一些企业为了吸引消费者,随意声称产品具有各种神奇功效,如提高免疫力、降低血压、改善睡眠等。然而,这些声称往往缺乏有效的科学验证和数据支持,产品的功能性无法得到保障。

(2)法规标准不健全。法规标准和审查机制的不健全,是功能性食品行业面临的一个重要问题。由于缺乏完善的法规和标准,导致市场上的产品质量参差不齐,给消费者的健康带来潜在风险。一些企业为了追求利润,可能会采用劣质原料或者违规添加药物,而这种现象的存在与法规标准的缺失和不严格实施有着密切关系。

(3)市场监管不力。功能性食品市场的监管不力确实是一个不可忽视的问题。一些地方对于功能性食品的审批和监管过程不够严格,导致市场上的产品质量参差不齐,甚至有些质量低劣、虚假宣传的产品也能流通。审批流程的不严格是导致市场监管不力的一个重要原因。在功能性食品的审批过程中,一些地方可能存在审批标准不统一、审批流程不透明、审批时间过长等问题。这使得一些质量不符合标准的产品也能通过审批,进入市场流通。此外,监管力度的不足也是市场监管不力的一大问题。尽管有法规和标准可依,但由于监管力度不足,这些法规和标准并没有得到有效的执行和遵守。有些地方可能存在监管人员不足、监管手段落后、监管频率不够等问题,导致市场上的功能性食品存在安全风险。

(4)消费者教育不足。功能性食品市场的消费者教育不足是一个不容忽视的问题。由于消费者对功能性食品的认知有限,他们往往容易被夸大宣传和虚假广告所误导,从而盲目购买和使用不合格的产品,给自身健康带来损害。

功能性食品不同于普通食品,其具有一定的保健功能和治疗效果,因此需要基于科学依据进行研发和生产。然而,消费者往往缺乏这方面的科学知识,无法准确判断产品的真实效果和安全性。

此外,消费者对于功能性食品的选购和使用知识也相对匮乏。功能性食品的使用需要根据个人的健康状况和需求进行选择,同时还需要注意使用方法和剂量。然而,消费者往往缺乏这方面的知识,导致使用不当或者过量使用,从而引发健康问题。

（5）产品质量不过关。功能性食品行业面临着产品质量不过关的严重问题。由于企业规模较小,科技资金投入不足,生产设备简单,导致产品质量参差不齐,掺假违规现象时有发生。这些小企业、小产品、小市场仍然是当前的主流,低投入、低水平、低质量严重阻碍了高科技、现代化优质产品的发展。

企业对于功能性食品的研发和生产投入不足,导致产品的科技含量和品质难以得到保障。由于缺乏足够的资金和技术支持,许多企业只能采用简单的生产工艺和设备,无法保证产品的安全性和有效性。

（6）价格过高,偏离大众消费水平。功能性食品的价格问题也是制约其市场发展的重要因素之一。相较于普通食品,功能性食品的价格普遍较高,这使得许多消费者望而却步,尤其是对于价格敏感的消费者群体。

由于功能性食品需要采用高科技的生产工艺和优质的原料,因此其生产成本往往高于普通食品。此外,功能性食品的研发和制造成本也较高,因为需要投入大量的人力和物力进行科学研究和质量控制。

（7）缺少诚信,夸大产品功效。功能性食品市场的诚信问题也是影响消费者信任的一个重要因素。一些企业为了追求利润,可能会夸大产品的功效,甚至采用虚假宣传的手段来误导消费者。这种不诚信的行为不仅损害了消费者的利益,也严重影响了整个行业的声誉和形象。

此外,一些企业还可能采用不正当手段来推销产品。他们可能会通过电话、短信、社交媒体等途径向消费者推销产品,甚至采用欺诈和诱骗的手段来达到销售目的。这种行为不仅损害了消费者的利益,也严重影响了整个行业的形象和信誉。

1.3.3 功能性食品的发展趋势

功能性食品的发展趋势将更加注重消费者的健康需求和个性化需求,同时将更加依赖现代科技手段和创新驱动的发展模式。企业需要紧跟市场趋势,加强科技创新和品牌建设,不断提高产品的质量和市场竞争力。

1.3.3.1 功能性食品市场将逐步扩大

功能性食品市场在未来的发展中有着广阔的前景和巨大的潜力。随着人们生活水平的提高和健康意识的增强,功能性食品已经成为越来越多人的选择,市场需求不断增长。

随着收入水平的提高,人们更加注重健康和保健,愿意为功能性食品付出更高的价格。同时,随着城市化进程的加速和生活节奏的加快,人们更加需要方便、快捷、高效的功能性食品来满足健康需求。

除了传统的白领市场、银发市场和儿童市场外,随着健康观念的普及和个性化需求的增加,功能性食品市场的消费群体将进一步扩大。例如,年轻人市场、运动爱好者市场、素食主义者市场等都将成为功能性食品市场的重要消费群体。

1.3.3.2 高新技术在功能性食品中的应用

（1）寻找和提取各种特殊功能性因子。

寻找和提取各种特殊功能性因子是功能性食品研发中的重要环节。为了实现这一目标,需要采用高新技术手段,对各种天然动植物资源进行深入的研究和探索。

利用现代科技手段,如基因工程、蛋白质组学、代谢组学等技术,可以更加精准地识别和筛选出具有特定功能的因子。这些因子可能来自植物、动物、微生物等天然资源,具有改善人体生理功能、调节机体代谢、增强免疫力等功效。通过对这些因子的提取和纯化,可以进一步研究其作用机制和功效,为功能性食品的研发提供有力的支持。

对于具有中国特色的一些基础原料,如银杏、红景天、人参、林蛙、鹿茸等,它们在传统中医理论中具有丰富的药用价值和保健功能。通过现代科技手段对这些原料进行深入的研究和开发,可以进一步挖掘其潜在的功效和作用机制,为功能性食品的研发提供新的思路和方向。

此外,基因工程与发酵工程的结合也是功能性食品研发中的重要技术手段。通过基因工程技术,可以改造和优化微生物菌种,使其产生具有特定功能的代谢产物,如天然香料、色素等食品添加剂。这些添加剂可以通过发酵工程直接从微生物中获得,不仅提高了产量和品质,还可以减少对天然资源的依赖,降低生产成本。

（2）检测各类功能因子并去除有害、有毒物质。

在功能性食品的研发和生产过程中,检测各类功能因子并去除有害、有毒物质是非常关键的环节。随着生物技术的不断发展,基因工程、细胞工程、酶工程等技术在功能性食品领域的应用越来越广泛,为这一环节提供了强有力的技术支持。

基因工程在功能性食品的研发中具有重要作用。通过基因工程技术,可以对功能性食品的原料进行遗传改良,提高其有效成分的含量和稳定性,同时降低一些有害、有毒物质的含量。例如,利用基因工程技术可以生产抗虫害、抗病性的农作物,减少农药的使用,保障食品的安全性。

细胞工程和酶工程也是功能性食品研发中的重要技术手段。通过细胞工程,可以培养出具有特定功能的细胞或组织,用于生产功能性食品或提取有效成分。而酶工程则可以用于优化发酵工艺,提高功能性食品的生产效率和品质。

除了生物技术的应用,跨学科和跨国度的协作研究也是功能性食品研发中的重要方向。功能性食品科学涉及多个领域,如植物学、食品工程学、营养学、生理学、生物化学等。为了更好地研究和开发功能性食品,需要不同领域的专家学者进行协作,共同开展研究工作。同时,国际的合作与交流也至关重要,可以促进技术交流和资源共享,推动功能性食品科学地发展。

1.3.3.3 开展多学科的基础研究与创新性产品的开发

在功能性食品的研发过程中,多学科的基础研究与创新性产品的开发是至关重要的。功能性食品的功能在于其活性成分对人体生理节律的调节,因此,其研究涉及生理学、生物化学、营养学、中医药学等多种学科的基本理论。

生理学是研究生物体功能活动规律的科学,它对于功能性食品的研发具有重要意义。生理学研究人体各个系统的功能和调节机制,可以帮助我们更好地了解人体对不同食物成分的反应和代谢过程。通过生理学研究,可以深入探索功能性食品如何影响人体生理节律,调节人体健康。

在功能性食品研发中,生物化学研究可以帮助我们了解食物中各种活性成分的化学结构、性质和作用机制。通过生物化学分析,可以确定功能性食品中的有效成分,并研究其在人体内的代谢和转化过程。

营养学研究提供了关于人体所需的各种营养素的知识,以及不同食物中的营养成分含量和分布。在功能性食品研发中,营养学研究可以帮助我们评估功能性食品的营养价值和功效,为产品的配方和设计提供科学依据。

中医药学注重整体观念和个体化治疗,强调食物与药物之间的相互作用和调理。通过结合中医药的理论和实践,可以开发出具有传统中医特色的功能性食品,满足消费者对健康养生的需求。

1.3.3.4 产品向多元化方向发展

随着科技的不断进步和消费者对健康需求的日益增长,功能性食品正朝着多元化方向发展。这不仅体现在产品的加工技术和配方上,也反映在产品的形式和口感上。

在加工技术方面,随着生物工程、纳米技术、膜分离技术等高新技术在功能性食品领域的应用,产品的加工过程更加精细和高效。例如,利用纳米技术可以将功能性成分微细化,提高其在食品中的分散性和稳定性,从而更好地发挥其功效。同时,通过膜分离技术可以实现对功能性成分的高效分离和纯化,提高产品的质量和产量。

在配方方面,功能性食品的研发更加注重科学性和针对性。针对不同消费人群和特定健康需求,产品配方不断进行优化和创新。例如,针对老年人研发的具有改善记忆、调节血压等功能的产品,针对儿童研发的富含营养成分、促进生长发育的产品。通过科学的配方设计,功能性食品能够更好地满足消费者的个性化需求。

在产品形式上,除了目前流行的口服液、胶囊、饮料、冲剂、粉剂等,一些新形式的功能性食品也不断涌现。例如,烘焙类功能性食品、膨化类功能性食品、挤压类功能性食品等。这些新形式的产品不仅口感丰富多样,而且食用方便快捷,为消费者提供了更多的选择。

1.3.3.5 重视对功能性食品基础原料的研究

要推动功能性食品的持续发展,对功能性食品基础原料的研究是至关重要的。基础原料是功能性食品研发的核心,其质量和纯度直接影响产品的功效和安全性。因此,对功能性食品基础原料进行全面的基础和应用研究,是确保功能性食品质量的关键。

对于功能性食品原料中的功能因子,不仅要研究其组成和性质,还需要关注其分离和纯化工艺。功能因子的稳定性是功能性食品研发中的重要问题之一,需要研究如何保持其活性和稳定性。此外,对于功能因子的提取和纯化工艺,也需要进行深入研究,以提高产率和纯度,降低生产成本。

另外,对于功能性食品原料中的有毒物质,也应重视其去除和降低技术的研究。有些原料中可能含有一些对人体有害的物质,如重金属、农药残留等。因此,需要研究如何去除这些有毒物质,确保功能性食品的安全性。

1.3.3.6 实施名牌战略

实施名牌战略对于功能性食品行业的健康发展至关重要。名牌产品不仅能够提升企业的知名度和信誉度,还能在消费者中树立品牌形象,从而增强消费者对产品的信任度和忠诚度。

为了扶持和组建一批功能性食品行业的龙头企业,政府、行业协会和企业自身都应该采取一系列措施。政府可以加大对功能性食品企业的政策扶持力度,提供税收优惠、资金支持等激励措施,促进企业的发展壮大。行业协会可以组织开展行业交流与合作,加强企业间的协作和共赢,推动整个行业的技术创新和品质提升。企业自身则需要不断提高产品的技术含量和质量水平,加强研发和创新,打造具有自主知识产权的名牌产品。

在实施名牌战略的过程中,功能性食品企业还需要注重产品的规范化和标准化。建立完善的质量管理体系和标准化生产流程,确保产品的质量和安全。同时,企业还应该加强与国际同行的交流与合作,积极参与国际标准的制定和推广,提升中国功能性食品在国际市场上的竞争力和影响力。

　　此外,功能性食品行业的发展还需要加强科技创新和人才培养。通过加大科研投入,引进先进技术和设备,培养高素质的研发团队,不断推动功能性食品的技术创新和产品升级。同时,加强与高校、科研机构等的合作与交流,共同培养适应行业发展需求的高端人才。

第 2 章 活性多糖的制备及应用

活性多糖是一种具有生物活性的大分子化合物,由许多单糖分子通过化学键连接而成。这些单糖分子可以是同一种类型,也可以是不同类型,例如葡萄糖、果糖、半乳糖、甘露糖等。活性多糖的制备方法多样,在许多领域具有广泛的应用前景,如食品工业、医药领域和环境保护领域等。

2.1 膳食纤维的制备及应用

膳食纤维是一种天然的多糖,主要存在于植物性食物中,如蔬菜、水果、谷物、豆类等。下面主要介绍膳食纤维的制备工艺及在食品中的应用。

2.1.1 膳食纤维的定义与分类

膳食纤维是一种人体无法消化的碳水化合物,通常存在于植物性食物中。它是维持人体健康所必需的重要营养素之一,对人体的消化系统、肠道健康、心血管健康等方面都有重要的作用。

膳食纤维可以分为两大类:水溶性膳食纤维和非水溶性膳食纤维。水溶性膳食纤维包括果胶、树胶、半乳聚糖等,它们在水中溶解并形成黏稠的胶状物质。非水溶性膳食纤维包括纤维素、木质素等,它们在水中不溶解,但可以增加肠道内物质的体积,促进肠道蠕动,从而有助于排便。

膳食纤维广泛存在于植物性食物中,如水果、蔬菜、全麦面包、燕麦、豆类等。然而,由于现代饮食结构的改变,许多人的膳食纤维摄入量不足,因此增加膳食纤维的摄入量已成为一个重要的健康问题。

2.1.2 膳食纤维的化学组成与性质

膳食纤维的化学组成主要包括碳水化合物、蛋白质、脂类、核酸和一些生物活性物质。其中,碳水化合物是膳食纤维的主要成分,占膳食纤维总量的 80% 以上。膳食纤维中的碳水化合物通常分为三类:多糖、低聚糖和寡糖。多糖是最主要的一类,主要包括纤维素、半纤维素和木质素。低聚糖和寡糖则是多糖的降解产物,如低聚果糖、低聚半乳糖和低聚木糖等。

膳食纤维的性质主要包括以下几点:

(1)高持水力。膳食纤维化学结构中含有很多亲水基团,因此具有很强的持水性,变化范围在自身重量的 1.5 ～ 2.5 倍。这种持水性有助于增加饱腹感,减少人体对其他营养素的摄入。

(2)酸碱性。膳食纤维中的多糖部分具有一定的酸碱性,主要取决于其化学结构中的羧基、羟基等活性基团。这些活性基团使得膳食纤维具有一定的缓冲能力,有助于维持人体内部的酸碱平衡。

(3)酶解性。膳食纤维的主要成分纤维素、半纤维素和果胶等,都不能被人体消化酶分解。然而,在大肠中,这些膳食纤维可以被肠道菌群发酵分解,产生短链脂肪酸等有益物质。

(4)与有机分子的结合能力。膳食纤维表面的活性基团可以与胆汁酸、胆固醇、致癌原等有机分子结合,有助于降低胆固醇水平,减少有害物质的吸收。

(5)形成凝胶和网络结构。部分水溶性膳食纤维在吸水后可以形成凝胶或网络结构,如羧甲基纤维素、羟丙基甲基纤维素等。这些凝胶和网络结构可以影响其他物质在肠道中的吸收和排泄。

2.1.3 膳食纤维的生理功能

膳食纤维在人体内发挥着重要的生理功能,以下是膳食纤维的主要生理功能：

（1）促进肠道蠕动和排便。膳食纤维可以吸收肠道中的水分,使粪便体积增加,刺激肠道蠕动,促进排便,预防便秘。

（2）降低胆固醇和血糖。膳食纤维可以结合肠道内的胆固醇和糖分,降低肠道对胆固醇和糖分的吸收,从而降低血液中的胆固醇和血糖水平。

（3）预防结肠癌。膳食纤维可以促进肠道内有害物质的排出,降低肠道内有害物质的停留时间,从而预防结肠癌的发生。

（4）维持肠道健康。膳食纤维可以促进肠道内有益菌的生长,维持肠道健康,预防肠道疾病的发生。

（5）降低患心血管疾病的风险。膳食纤维可以降低血液中的胆固醇和血糖水平,减少血管内沉积物的形成,从而降低患心血管疾病的风险。

（6）维持血糖稳定。膳食纤维可以延缓碳水化合物的消化和吸收,从而降低血糖的波动,维持血糖的稳定。

（7）改善肠道屏障功能。膳食纤维可以刺激肠道上皮细胞的分化和修复,增强肠道屏障的功能,预防肠道感染的发生。

2.1.4 膳食纤维的制备工艺

膳食纤维的制备主要有以下几种方法,不同制备方法都有各自的优缺点,影响膳食纤维的提取效率和质量。

2.1.4.1 物理法

（1）膜分离法

膜分离法是一种高效、环保且具有广泛应用前景的膳食纤维提取技术。膜分离法的基本原理是利用高分子薄膜的选择性和通透性,将混合物中的大分子和小分子分离开来。在膜分离过程中,高分子薄膜会吸附混合物中的小分子物质,如水溶性膳食纤维,并将其从混合物中分离出来。同时,高分子薄膜可以阻止大分子物质通过,从而实现对膳食纤维的分离。

膜分离法用于提取水溶性膳食纤维,可以有效降低化学法的有机残留,提高提取效率和纯度。然而,这种方法对技术要求较高,且仅适用于大规模生产。

(2)超声法

超声提取法是在原料中添加相应质量分数的蛋白质,然后置于超声波中进行超声处理,运用超声波的空化功能、机械功能和热功能等,促进原料中有效成分的析出、扩散和水解。超声提取法的优点是效率较高、提取时间短、温度低且操作简单。

(3)微波提取法

微波提取法是指利用微波在溶剂中产生偶极旋转进而快速升温的特点,以增加物质的热溶解性;同时微波还会提高新鲜组织的细胞内压力,进而损坏细胞壁,并释放出更多的生物活性成分。该法溶剂消耗少,平均提取时间短,价格低廉,易于控制,素有"绿色提取工艺"之美誉。

2.1.4.2 化学法

化学法提取膳食纤维是将原料干燥、研磨后加入化学试剂浸泡,除去蛋白质、脂肪等非膳食纤维物质,在酸性或碱性环境中提取出水溶性膳食纤维。按照提取工艺的不同,化学提取法又可分为酸法、碱法、浸提法和絮凝剂法等。化学法是目前工业上普遍使用的提取膳食纤维的方法之一,具有操作简单、方便快捷、成本低等优点,但化学法提取的膳食纤维色泽、口感和气味均较差,且化学试剂的残留也会直接影响膳食纤维的品质。酸碱处理后进行清洗,也会降低膳食纤维的持水性和溶胀性。

其中,酸碱化学法是一种常用的提取膳食纤维的方法,其基本原理是利用酸碱条件下纤维素的结构和性质发生改变,从而使纤维素发生水解反应。下面是酸碱化学法提取膳食纤维的基本步骤:

(1)选择合适的纤维素原料。常用的纤维素原料有玉米秸秆、小麦麸皮、大豆渣等。

(2)预处理原料。将纤维素原料进行粉碎、干燥等预处理,使其达到一定的粒度、含水量等要求。

(3)制备溶液。将预处理后的纤维素原料与适量的酸或碱溶液混合,搅拌均匀,制备成溶液。常用的酸或碱溶液有硫酸、氢氧化钠、氢氧化钾等。

（4）酸碱催化。将制备好的溶液进行酸碱催化，促进纤维素的水解反应。常用的催化剂有硫酸铜、硫酸锌、硫酸铵等。

（5）分离膳食纤维。将酸碱催化后的溶液进行离心、过滤等处理，分离出膳食纤维。常用的分离方法有离心、超滤、反渗透等。

（6）膳食纤维的回收与纯化。将分离出的膳食纤维进行回收、纯化，使其达到一定的纯度和品质要求。常用的纯化方法有喷雾干燥、冷冻干燥等。

2.1.4.3 酶法

酶法提取膳食纤维是利用酶（如纤维素酶、半纤维素酶等）对植物原料进行水解，去除原料中的蛋白质、淀粉、脂类和还原糖类等非膳食纤维组分。常用的酶一般为淀粉酶和蛋白酶，在单独提取水溶性膳食纤维时常使用纤维素酶、果胶酶等破坏原料的细胞壁，从而提高膳食纤维的提取率。原料的颗粒性、提取溶剂、温度、pH、酶解时间以及酶的用量等多种因素均会影响酶解反应速率。酶法提取膳食纤维不会对环境产生不良影响，得到的膳食纤维提取率和质量都很高，且制备条件温和、易于控制，但成本较高。

2.1.4.4 酶－化学结合法

酶－化学结合法主要是根据上述酶法和化学法的基本原理，先使用蛋白酶去除原料中的其他化合物，然后再加入酸性或碱性溶剂以获得膳食纤维。酶－化学结合法改善了化学提取法中试剂残留的问题，也降低了酶法的试剂成本。采用该法获得的膳食纤维纯度高，提取效率也很好，且环境污染小，适用于大规模工业生产。

2.1.4.5 发酵法

发酵法制备膳食纤维是利用原料中的碳源、氮源产生酶，通过细菌发酵，酵解蛋白质、脂类和淀粉等营养物质，进而获得可溶性膳食纤维。发酵法生产的膳食纤维具有良好的香气、质感和颜色，并具备较强的膨胀性和持水力，其缺点是工艺要求的环境条件较为复杂。

2.1.5 膳食纤维在食品中的应用

膳食纤维在功能性食品中的应用可以追溯到 20 世纪 60 年代。当时,膳食纤维作为一种营养补充剂被广泛应用于食品工业中,如添加到面包、饮料、保健品等食品中,以提高食品的口感和营养价值。随着研究的深入,人们发现膳食纤维还具有多种生理功能,如降低胆固醇、预防便秘等,因此在食品中的应用也得到了进一步的发展。

膳食纤维在食品中的应用主要有以下几个方面。

（1）营养补充剂

膳食纤维是一种营养素,能够提供人体所需的纤维素、半纤维素、木质素等成分。膳食纤维在食品中的应用主要是作为营养补充剂,如添加到保健品、饮料、面包等食品中,以提高食品的营养价值。

（2）膳食纤维源

膳食纤维作为膳食纤维源被添加到膳食纤维片、膳食纤维饮料等食品中,以增加膳食纤维的摄入量。膳食纤维是一种重要的营养素,能够促进肠道蠕动、降低胆固醇、预防便秘等,因此在健康食品中的应用越来越广泛。

（3）功能添加剂

膳食纤维还能作为功能添加剂,如添加到减肥食品、抗炎食品、抗氧化食品中,以发挥膳食纤维的生理功能。膳食纤维作为一种天然的防腐剂和抗氧化剂,在食品工业中的应用也越来越广泛。

随着人们生活水平的提高和健康意识的增强,膳食纤维的需求量将会不断增加。在未来,膳食纤维将会成为一种重要的营养素,在食品领域有着广泛的应用。同时,随着科技的发展,膳食纤维的生产技术将会不断改进,使其更加高效、环保、安全。

2.2 真菌活性多糖的制备及应用

真菌活性多糖是一种具有生物活性的多糖类物质,广泛存在于自然界中,具有重要的药用和营养保健作用。

2.2.1 真菌活性多糖的基本特性及生理功能

真菌作为独特的天然资源,含有丰富的蛋白质、多糖、脂质、维生素等成分。常见真菌包括香菇、木耳、灵芝、茯苓等。其中多糖是真菌中最重要的活性成分之一。根据多糖的分布和定位,可分为胞内多糖和胞外多糖。胞外多糖可以直接从真菌发酵培养基中用乙醇沉淀法获取,而胞内多糖需从真菌子实体、菌丝体或孢子体中提取。真菌子实体既可以通过野生资源获得,也可以通过人工培养获得。发酵菌丝体是在人工液体培养基中发酵培养真菌菌株获得的一类资源。

真菌活性多糖具有以下基本特性。

(1)分子量大。真菌活性多糖通常具有较高的分子量,这使得它们在生物体内具有良好的分散性和稳定性。

(2)碳水化合物结构。真菌活性多糖由十个以上的单糖分子通过糖苷键连接而成,主要包含葡萄糖、半乳糖、甘露糖等碳水化合物。

(3)水溶性。部分真菌活性多糖具有一定的水溶性,这使得它们在生物体内可以被有效吸收和利用。

(4)热稳定性。真菌活性多糖通常具有较好的热稳定性,在高温下不易分解或变性,这使得它们在食品和药品加工中具有广泛的应用前景。

真菌活性多糖的生理功能主要包括免疫调节、抗肿瘤、抗病毒、抗炎、降血糖、降血脂、抗氧化等。免疫调节是多糖化合物最重要的生理功能之一,多糖化合物的免疫调节作用与其分子量、结构、化学成分等密切相关。抗肿瘤是多糖化合物的另一重要生理功能,多糖化合物的抗肿瘤作用与其分子量、结构、化学成分等密切相关。抗病毒、抗炎、降血糖、降血脂、抗氧化等是多糖化合物的其他重要生理功能,其作用机制与多糖化合物的结构、化学成分等密切相关。

2.2.2 真菌活性多糖的制备工艺

2.2.2.1 真菌活性多糖的提取方法

（1）热水提取法

多糖是一种极性较高的高分子化合物,易溶于水,不溶于醇、醚、丙酮等有机溶剂,故可选用水提法进行制备。热水提取法是提取真菌多糖最传统和最常见的提取方法,在生产中被广泛应用,一般是在高温（ $80 \sim 90$ ℃）下,通过一定时间的热水煎煮提取多糖。热水提取过程中温度和时间是影响提取率的两个重要因素,温度过高和时间过长均会改变多糖的结构和生物活性;料液比在提取过程中也发挥着重要作用,料液比影响溶剂扩散进入细胞的速率以及粗多糖的纯度;此外,重复提取也有利于提高提取率。

（2）酸碱提取法

酸碱提取法是在水提法的基础上延伸而来的,适用于提取某些水溶性较差的真菌多糖,酸、碱可以强有力地破坏真菌的细胞壁,使得多糖从细胞壁中释放出来,提高多糖的提取率。但是酸碱提取条件容易破坏糖苷键,使多糖结构发生改变,因此在提取时要严格控制酸碱浓度和温度,提取结束时应及时将多糖提取液中和至中性。在碱提取时应加入适量的 $NaBH_4$ 以保护多糖末端,防止发生 $\beta-$ 消除反应。

（3）酶提取法

真菌细胞壁可以被酶水解和降解,从而释放出细胞内的生物活性物质。水解酶能够促进真菌细胞壁中多糖的释放,进而提高多糖提取率。常用的酶有纤维素酶、果胶酶和半纤维素酶等。酶提取法具有反应条件温和、特异性高、提取时间短、耗能低、对多糖的结构破坏性小和提取效率高等优点。但酶的成本较高,易受环境因素的影响,不适于工业大范围生产应用。

（4）超声辅助提取法

超声辅助提取法是利用超声波产生的能量,增加分子运动速度和溶剂穿透力,从而使得细胞壁和细胞破裂,细胞中的多糖得以释放和溶解的一种技术。它具有提高提取效率、减少提取时间的优点。研究表明,超声提取法比传统多糖的提取方法效率高,但超声提取对仪器要求高,需要优化超声时间和功率。超声功率较低不能有效提取多糖;超声功率过高、时间过长则会破坏多糖糖苷键,改变多糖结构,从而导致提取效率低,影响生物活性。

（5）微波提取法

微波提取法是利用微波和电磁能,通过非接触式的加热离子传导产生热能,破坏细胞壁,促进多糖分子溶解释放。该方法提取时间短、效率高、溶剂使用量少、安全经济、环保可行,比较适合热稳定性较高的真菌多糖,因为快速升温可能会导致多糖的结构发生变化,所以微波功率的设置、处理时间的长短、温度的高低都是提取时需要注意的因素。

（6）亚临界水萃取法

亚临界水萃取法是指使水在高压高温条件下仍然保持液态的一种萃取技术。亚临界条件下的水与常温常压下的水相比,其介电常数和黏度均有所降低,使得水的溶解范围增加,如极性、中等极性以及非极性化合物甚至更高分子量的多糖均能够被溶解。

温度是亚临界水萃取法的关键因素,研究表明,较低温度下的萃取能够提高水溶性物质的得率,较高温度的萃取能提高不溶性物质的得率。

（7）其他提取方法

除上述所提到的热水提取法、酸碱提取法、酶提取法和几种物理提取法之外,还有一些其他的提取方法,例如双水相萃取法、脉冲电场辅助萃取法等。

双水相萃取法是一种绿色温和的生物制品分离技术,利用目标产品在两相体系中的优先分配,从而达到将目标产物萃取出来的目的。脉冲电场辅助萃取是指利用持续一段时间的高压脉冲进行电穿孔的技术,它通过引起局部膜破裂和结构改变来提高细胞壁孔隙度和细胞膜通透性,从而达到提高提取率的目的。

2.2.2.2 真菌活性多糖的纯化方法

通过提取初步得到的粗多糖中往往含有许多杂质,主要包括蛋白质、氨基酸、盐分和色素等,有些杂质的含量可能会相对较多,这些杂质的存在除了会影响多糖的纯度之外,还会阻碍多糖结构的检测,从而影响实验结果。因此,为了后续实验的顺利开展,对提取的粗多糖进行分离纯化便是多糖分析中必不可缺的一个环节。研究者常用的真菌多糖分离纯化的方法,主要有以下几种。

（1）除蛋白

从粗多糖中分离蛋白质常用的方法有 Sevag 法和三氯乙酸法,这些方法的原理是蛋白质在相应试剂的作用下变性沉淀,从而达到去除蛋白质的目的。除以上两种常用的除蛋白方法外,酶解法、三氟三氯乙烷法、中性醋酸铅法等也可用于多糖中蛋白质的去除。

（2）脱色素

常见的脱色方法有树脂法、活性炭法和过氧化氢法。其中用于树脂法脱色素的树脂一般分为两种,一种是利用离子交换达到脱色效果的离子交换树脂,另一种是利用树脂吸附能力从而达到脱色效果的大孔吸附树脂。活性炭法脱色素主要利用活性炭的吸附能力,此法容易损失多糖。而过氧化氢法则是将色素氧化,但它对实验温度、pH、时间等条件要求较高,容易发生多糖的降解,因此近几年普遍采用的脱色方法是树脂法。

（3）柱层析法

柱层析法是分离纯化多糖常用的方法之一,它具有容易操作、纯化效果好的特点。柱层析主要分为三类:离子交换柱层析、凝胶过滤层析和亲和柱层析。离子交换柱层析的原理是吸附和分配层析,它可以根据洗脱时所用洗脱液的不同,从而达到分离不同多糖的目的。凝胶过滤层析的原理是多糖分子具有大小和形状不同的特点,不同分子量和形状的多糖分子在同一凝胶柱中的洗脱移动速度是不相同的,因此可以根据多糖洗脱的先后顺序达到分离多糖的目的。一般情况下是先采用离子交换柱层析再进行凝胶过滤层析。亲和柱层析是利用一些多糖可以和某些特定的分子结合从而吸附到柱子上,然后适当地改变流动相的离子强度和 pH 值来分离与配体结合的多糖,从而达到纯化的目的。

（4）分级沉淀法

分级沉淀法是指在同一醇或酮浓度中,不同多糖的组分因溶解度不同而发生沉淀的方法。一般来说,分子量大的溶解度较小,分子量小的溶解度较大,所以可以通过逐渐增加醇或酮的浓度的方法来沉淀出不同分子量的多糖。

（5）化学沉淀法

多糖是一类生物大分子,部分多糖的链比较长,在糖链中可能会存在一些特殊的取代基团,例如羧基,使这类多糖能够与某些化学试剂发生反应,形成沉淀,进而达到分离多糖的目的。常见的化学沉淀法主要包括两种:季铵盐沉淀法和金属络合沉淀法。

季铵盐沉淀法是利用长链季铵盐与酸性多糖或长链高分子量多糖形成不溶于水的沉淀(季铵盐多糖配位化合物)。实验者可通过控制季铵盐的浓度,从而达到分离不同酸性多糖的目的,实验室常用的季铵盐是 CTAB（十六烷基三甲基溴化铵）。金属络合沉淀法也是一种比较常见的分离多糖的方法,其主要原理是利用不同的多糖与不同的金属离子如铜离子、钙离子、钡离子和铅离子等形成配位化合物并发生沉淀,然后对其充分洗涤后,再用酸、乙醇或硫化氢分解,可重新收集游离的多糖。在纯化过程中最常用的试剂包括含有铜离子的斐林试剂、氯化铜络合剂和氢氧化钡络合剂等。这类分离方法要求在实验过程中要严格控制反应条件和程度,以免不可逆地改变多糖结构从而影响其生理活性。

（6）其他纯化方法

冻融分级是指将多糖溶解成一定浓度的多糖溶液,充分搅拌使其溶解,将多糖溶液放置在一定条件下冷冻,再通过适宜的温度将其缓慢溶解,由于不同分支度的多糖分子在不同温度条件下的溶解度不同,从而通过离心达到分离效果的一种纯化方法。一般情况下,分子量较大的或者水溶性较差的多糖分子较容易析出。

透析法的原理是利用半透膜的特性,直径小于半透膜孔径的分子可以穿出半透膜而直径大于半透膜孔径的大分子则无法自由通过半透膜而被留在膜内,从而达到分离的目的。实验室中常利用透析袋进行多糖分级,可根据多糖或其他物质分子量大小来选取透析袋。实验室常用透析袋的型号包括 1kDa、3kDa 和 14kDa 等。

超滤法是利用不同多糖分子在大小和形状方面存在差异而进行纯化的方法,这是由于超滤膜通常只能允许一定大小范围内的多糖分子通过,所以一定分子量的多糖可以在压力的作用下,通过超滤膜被分离开来,它的本质是分子筛。但在实际操作中超滤膜会吸附多糖,导致经过超滤的多糖损失较为严重。

2.2.3 虫草属真菌多糖的分离纯化

虫草属真菌是独特的珍贵药用真菌,有悠久的历史,是我国传统名贵中药。多糖是从虫草菌中分离出来的一种具有广泛生理活性的活性物质。但是,一些真菌子实体数量稀少、价格高昂,其多糖是从人工真菌子实体中分离得到的。

虫草属真菌多糖根据其来源可划分为菌丝胞内、菌丝胞外及子实体多糖。虽然采用热水萃取法提取虫草菌多糖是一种常用而简单的方法,但是存在加热温度高、提取时间长、提取效率低等问题。亚临界水提取法、超高压提取法、微波提取法和超声提取法是目前较常用的提取法。其中,超声辅助提取由于其特有的超声力学作用,特别是超声空化作用所形成的剪切力,已成为虫草菌多糖提取领域的研究热点。

虫草属真菌多糖纯化的具体步骤如下:采用 Sevag 法对其进行去蛋白处理,经透析、冷冻干燥,得到粗多糖,并采用多种柱层析(如阴离子交换柱层析、凝胶过滤层析、亲和柱层析等)分离纯化。

2.2.4 樟芝多糖的分离纯化

现在常用的粗多糖分离纯化方法有乙醇沉淀法、透析、柱层析和离子交换柱层析。粗多糖水提之后,利用多糖不溶于高浓度醇的特点,用乙醇沉淀法使多糖成分分级分离。去除蛋白质的方法主要有 TCA 法和Sevag 法,其中 Sevag 法是基于蛋白质在某些有机溶剂中的变性,Sevag法实验条件非常温和,多糖不易变质,除蛋白效率高,操作方便,蛋白去除率可达 90%。本小节利用一系列优化后的条件提取樟芝菌丝体胞内多糖,并采用 DEAE-52 纤维素柱、G-25 凝胶层析柱、G-50 凝胶层析柱等,对其进一步分离纯化,并获得分子量均一的樟芝纯化多糖 ACPSA。

2.2.4.1 樟芝菌丝体脱脂处理

樟芝菌丝体中含有多种杂脂和脂多糖,而且某些脂质带有颜色,除脂可以帮助多糖脱色。因此,为了提出纯净的多糖,在采用热水提取多糖之前,需要对樟芝菌丝体进行除脂处理。脱脂试剂由无水乙醇和石油醚配比 1∶9 而成。除脂试剂和菌丝体的液料比为 20∶1。将除脂试剂按照比例加入樟芝菌丝体粉中,在室温旋转摇床摇 3h,完成除脂步骤。除脂完成后,需在 70 ~ 80℃温度下蒸菌丝体,去除脱脂试剂。

2.2.4.2 粗多糖除蛋白

（1）木瓜蛋白酶法

将木瓜蛋白酶按照 2% 比例加入粗多糖溶液中,pH 值控制在 4 ~ 6.6,温度区间为 50 ~ 55℃,酶解 10h。酶解时间结束后,高温灭活木瓜蛋白酶。

（2）Sevag 法

Sevag 试剂中氯仿∶正丁醇 =4∶1,粗多糖和 Sevage 试剂按照 3∶1 的体积比进行混合,摇床震荡 30min 后,12000g/min 离心 20min。除蛋白多次,直至看不到明显蛋白层为止。

2.2.4.3 无水乙醇沉淀粗多糖溶液

在提取液中加入 4 倍体积的无水乙醇,无水乙醇终浓度为 80%,4℃ 醇沉过夜,随后离心留沉淀即为樟芝粗多糖。

2.2.4.4 层析柱柱料处理

（1）柱料活化。用纯净水过夜溶胀,多洗几遍去除杂质。用 0.5mol/L 的 HCl 溶液浸泡 2h,用纯净水洗至中性;用 0.5mol/L 的 NaOH 溶液浸泡 2h,用纯净水洗至中性。

（2）装柱。将层析柱洗干净固定到架子上,加 1/3 体积的纯净水,打开出液口,水流通畅,将柱料用玻璃棒引流,贴着柱子内壁缓缓倒入层析柱中防止产生气泡,柱料自然慢慢沉降至层析柱底部后,柱料与液体会分层,此时打开阀门,用流速压柱子,待液面稳定不再下降,液面与柱料平齐后,测量柱料高度为 H=55cm,柱体积 V=11.052cm^3,将流速控制在 0.6 ～ 0.8mL/min。流速稳定后,缓慢贴壁加入粗多糖进行分离。

（3）柱料再生清洗。0.1mol/L 的醋酸清洗 5 个柱体积,再用 2mol/L 的氯化钠清洗 5 个柱体积,最后用水洗至中性。在 20% 乙醇中,4℃ 下长期保存。

2.2.5 香菇多糖的提取分离

香菇（Lentinus Edodes）别名冬菇、花菇,属于担子菌纲（Basidaiomycetes）、香菇属的一种食药同源的真菌。香菇营养丰富,含有约 68% ～ 78% 的碳水化合物（单糖、二糖、三糖和多糖）、外源性氨基酸（赖氨酸、缬氨酸、异亮氨酸、亮氨酸、苯丙氨酸、蛋氨酸、精氨酸、苏氨酸、色氨酸和组氨酸）、脂类（干物质的 5% ～ 8%）、维生素（B$_1$、B$_2$、B$_{12}$、C、D、E）、矿物质（Ca、K、Mg、Mn、P、Zn 和 Na）、膳食纤维及微量物质。此外,相关研究还发现香菇还含有抗肿瘤、抗氧化、免疫调节等生物活性成分,其已成为生物医学、药物制剂等多领域的研究热门。

1969 年 Chihara 首次从香菇中提取出多糖,并发现了香菇多糖对肿瘤细胞的抑制活性。研究表明,香菇多糖主要由 β- 葡聚糖组成,分子式为 $(C_6H_{10}O_5)_n$。香菇多糖广泛存在于香菇的细胞壁中,物理性状呈白色粉末状,易溶于水,不溶于有机溶剂。

香菇多糖是香菇中的主要活性物质之一,具有抗氧化、抗肿瘤、抗炎、免疫调节等生物活性。研究表明,香菇多糖的活性与其分子量、单糖组成、糖苷键的连接方式以及链构象等具有相关性。例如,香菇多糖的抗肿瘤活性主要是因为 β- 葡聚糖的存在,香菇多糖能增加外周血的吞噬指数,进而抑制肿瘤和癌细胞的扩散,通过刺激免疫细胞的增长以达到增强宿主免疫力的作用,间接杀死肿瘤细胞。香菇多糖由于含有丰富的生物活性成分,因此被广泛用于制作药物、膳食补剂以及营养增强剂。

香菇多糖是一种水溶性多糖,可以通过直接浸提的方式从香菇粉末中提取。然而这种方法提取率低,难以满足科研以及工业生产的需要。随着技术的不断发展,一些新型辅助提取方法被应用于香菇多糖的提取中,主要概括为三种类型:物理辅助提取法、化学辅助提取法以及生物辅助提取法。

2.2.5.1 物理辅助提取法

物理辅助提取法是提高多糖提取率的常用方法,具有简洁高效、环境友好等特点。物理辅助提取法主要通过加热、高压或分子振动的方式促进多糖的溶出。

加热是提高香菇多糖提取率的常用方式。在加热条件下,香菇的细胞壁被破坏。随着温度的升高,多糖的分子运动速率加快,香菇多糖在较短时间内从粉末中扩散到水溶液中。热水提取法是采用加热提高多糖提取效率的实际应用。热水提取法具有成本低、操作简单、可进行大规模生产的优点。但缺点是提取时间长、提取效率低、提取液易发霉等。

微波辅助提取法可以加强热效应使溶剂温度快速升高,促进细胞破裂,提高多糖提取效率。微波辅助提取法具有无污染、能耗低以及效率高的特点,但是对于仪器的要求更严苛。

高压可以在短时间内破坏香菇的细胞壁结构,达到加快多糖溶出的目的。动态高压微射流提取是高压在多糖提取中的实际应用。动态高压微射流提取法首先通过高温高压使香菇细胞壁软化,然后利用微射流的振动、冲击力和剪切力作用破坏细胞壁促进多糖溶出。

超声波辅助提取法主要利用超声波的热效应、机械效应和空化效应达到提高多糖提取率的作用。超声波辅助提取法的机制为:物质吸收超声波能量并转化为热能达到促进多糖溶出的目的;或是超声波将介质撕裂成许多小空穴,在小空穴闭合时产生极大的瞬时压强使细胞壁破裂而便于物质溶出。

水在常温常压下是一种强极性物质,具有很高的介电常数。因此,其性质与弱极性的有机溶剂不同,不能作为萃取溶剂提取有机化合物。亚临界水是指在高温($100 \sim 374℃$)、高压($0.1 \sim 22.1MPa$)下仍能保持液体状态的水。研究表明,水的介电常数与温度成反比。亚临界状态下水的性质接近弱极性的有机溶剂,因而在亚临界状态的水可以将有机物从原料中提取出来。同时,环境压力也是促进物质溶出的重要因素。亚临界状态下的压力可以将水压迫到物质的孔隙中来帮助提取,为物质的分离提供巨大的反应活化能。

亚临界水提取法是通过高温高压将溶剂与提取物基质充分混匀,高温下增强扩散效应,提高提取物溶解到溶剂中的效率。亚临界水技术作用于生物活性物质提取的原理为:打破基质的表面平衡,提高提取物的溶解性,促使溶剂更好地渗透到基质中。亚临界水的提取能力受温度、压力、颗粒大小等因素的影响。近年来,亚临界水被应用于多糖、蛋白质、酚类以及油等物质的提取,均能显著提高物质的提取率。综上所述,亚临界水提取技术为提取天然产物中的活性成分提供了一种有效方法,既能提高提取效率又能减少污染。更重要的是,亚临界水对生物活性化合物的结构具有一定修饰作用,对其活性表达具有积极影响。

2.2.5.2 化学辅助提取法

溶剂的酸碱性是影响多糖提取的重要因素,酸碱溶液可以破坏提取物的细胞结构从而提高多糖的提取效率。有学者采用碱法提取,通过阴离子交换柱纯化,得到以 $1 \rightarrow 6$ 糖苷键连接的 $\beta-$ 葡聚糖为主链的香菇多糖。然而,化学辅助提取法也存在缺陷,其一,强酸 / 强碱废液对环境有损害;其二,强酸 / 强碱可能导致多糖结构改变,从而影响多糖的生物活性。

为了探索更多环境友好的提取方法,"绿色溶剂"概念逐步走入人们的视野。离子液体(Ionic Liquids, ILs)因其独特的物理和化学特质而受到广泛关注,ILs 是温度低于 100 ℃时呈液态的有机溶剂,通常由体积较大且不对称的有机阳离子和有机或无机阴离子组成,具有不可燃性、高热稳定性、化学稳定性和低挥发性等性质,研究发现,ILs 可以从各种生物质基质中溶解生物活性化合物,因此 ILs 可以作为提取天然生物活性化合物的绿色溶剂。不同离子组合制备的 ILs 性质有所差异,因而可以根据提取目标合成不同性质的 ILs。然而,虽然 ILs 具有多样的优势,但是存在具有化学毒性、合成成本高以及影响活性物质的生物活性等缺点。因此,越来越多的注意力集中在与 ILs 性质相类似的深共熔溶剂(Deep Eutectic Solvent, DES)上。DES 具有与 ILs 相似的物理化学性质,具有可生物降解、毒性低等特点,且合成成本低于 ILs。

不同类型的 DES 可用于提取不同的目标化合物,已被应用于多糖、黄酮以及酚类化合物等多种活性成分提取。除了作为提取介质外,DES还可作为主要介质的补充。DES 是一种提取多糖的新型溶剂,具有良好的应用前景。

2.2.5.3 生物辅助提取法

香菇多糖的细胞壁主要成分为纤维素和果胶,因而可以通过酶解处理破坏细胞壁进而提高多糖提取率。在酶法提取多糖过程中,酶的添加比例一般为 1.5% ~ 2%,通过选择合适的酶,控制酶处理温度、处理时间以及 pH,可以显著提高多糖的提取效率。

2.2.5.4 深共熔溶剂强化亚临界水提取法

（1）香菇多糖的提取

①香菇子实体的预处理。香菇子实体在鼓风干燥箱 60℃下干燥 24h。采用粉碎机粉碎,过 50 目筛。国标法检测香菇的含水量为（0.56 ± 0.06）%。采用索氏提取法脱脂 6h,得到脱脂香菇粉。

②香菇多糖提取的对比实验。

热水提取法:提取温度 80℃,提取时间 2h,提取液的液固比为 30 : 1,得到热水提取的香菇多糖（Lentinus Edodes Polysaccharides Extracted by Hot Water, LEPH）。

亚临界水提取法:提取温度 140℃,提取时间 20min,液固比为 25 : 1,得到亚临界水提取的香菇多糖（Lentinus Edodes Polysaccharides Extracted by Subcritical Water, LEPS）。

③深共熔溶剂的制备。将氯化胆碱与氢键供体按一定的摩尔比（1 : 2）混合,混合物在 85℃的水浴中搅拌,直至得到清澈透明的溶液。溶剂在常温下为无色透明的液体,在室温下储存。

④深共熔溶剂强化亚临界水提取香菇多糖。在反应釜（水热合成反应釜容量为 50mL,能承受 230℃的温度,最大压力为 3MPa）内衬管中加入香菇粉以及预先配置的深共熔溶剂,搅拌使粉末与溶液充分接触。亚临界反应用烘箱进行,将反应釜放进烘箱中,当烘箱达到设定温度后开始计时,反应结束后采用流水冷却。经过离心、抽滤等操作后获得多糖提取液,提取液经抽滤、旋蒸浓缩后加入 4 倍体积无水乙醇,4℃醇沉过夜。用 Sevage 试剂去除溶液中蛋白质,透析、冻干得到深共熔溶剂强化亚临界水提取的香菇多糖（Lentinus Edodes Polysaccharides Extracted by Deep Eutectic Solvent, LEPD）。

（2）香菇多糖的分离纯化

① DEAE-52 纤维素柱纯化。

填料预处理：取新购买的 DEAE-52 纤维素填料 100g，加入 500mL 蒸馏水，室温下溶胀 48h，备用。

多糖纯化方法：层析柱型号为 3cm × 100cm，采用湿法装柱，填料少量多次装填入层析柱中。层析柱中填料的最终高度为柱体高度的 3/4。为了防止多糖多次洗脱造成填料堵塞，定期清洗填料。

称取多糖样品 50mg 溶解于 15mL 去离子水中，超声使其充分溶解。溶液在 8000rpm 下离心 10min 以除去不溶性沉淀，收集上清液备用。分别用去离子水和 0.1mol/L NaCl 溶液为洗脱溶剂，洗脱流速 2mL/min。用离心管接取洗脱液，每管收集 6mL。间隔取样检测，绘制洗脱曲线。根据洗脱曲线收集洗脱组分，并通过浓缩、透析、冻干等操作得到纯化的多糖样品。

② SephadexG-100 凝胶柱纯化。采用 SephadexG-100 进一步纯化多糖组分。

填料预处理：将填料粉末与去离子水以液固比 10：1 充分溶胀 24h，采用抽滤法排尽填料中的空气。选择型号为 3cm × 100cm 的层析柱，湿法装填，控制流速平衡 24h。

多糖纯化：称取 20mg 经过 DEAE-52 填料纯化的多糖样品溶于 10mL 去离子水中，超声使其充分溶解。溶液在 8000rpm 下离心 10min 以除去不溶性沉淀，收集上清液备用。以去离子水为洗脱溶剂，洗脱流速为 0.4mL/min，每管收集 4mL。间隔取样，采用苯酚硫酸法检测每管内的多糖含量并绘制洗脱曲线。收集各个洗脱组分，通过浓缩、透析、冻干等操作得到纯化多糖样品。采用苯酚硫酸法对纯化多糖的纯度进行分析。

2.2.6 真菌活性多糖在食品中的应用

真菌活性多糖具有多种生物活性，如免疫调节、抗氧化、抗病毒等，因此在食品工业中具有广泛的应用前景。以下是真菌活性多糖在食品中的一些应用。

（1）功能性食品配料

真菌活性多糖可以用作功能性食品的配料，为消费者提供有保健功能的食品。例如，将真菌活性多糖添加到谷物、饼干、糖果等食品中，可以提高这些食品的营养价值和功能性。

（2）食品添加剂

真菌活性多糖具有一定的水溶性和稳定性，可以作为食品添加剂，改善食品的口感和稳定性。例如，将真菌活性多糖添加到果汁、酸奶、果冻等食品中，可以增强其稠度和口感。

（3）营养补充剂

真菌活性多糖具有免疫调节等生物活性，可以作为营养补充剂，帮助消费者提高免疫力，预防疾病。例如，将真菌活性多糖制成胶囊、片剂等剂型，供消费者日常食用。

随着对真菌活性多糖的研究不断深入，人们对其生理活性的认识也越来越清楚，因此可以开发出更多具有生理活性的真菌活性多糖。

2.3　植物活性多糖的制备及应用

活性多糖是一种具有生物活性的多糖类物质，广泛存在于植物中，具有多种生理功能。

2.3.1 植物活性多糖的生理功能

植物活性多糖的生理功能主要包括以下几方面。

（1）抗氧化

活性多糖具有很强的抗氧化作用，可以清除自由基，保护细胞免受氧化损伤。自由基是一种高度反应性的分子，可以与细胞内的生物分子发生反应，导致细胞损伤和死亡。活性多糖可以通过与自由基反应，清除自由基，保护细胞免受氧化损伤。

（2）抗炎

活性多糖具有抗炎作用，可以抑制炎症反应，缓解炎症引起的疼痛和肿胀。炎症是一种生理反应，可以保护身体免受外部伤害，但是过度的炎症反应会引起疼痛、肿胀和炎症性疾病。活性多糖可以通过调节炎症反应，缓解炎症引起的疼痛和肿胀。

（3）抗肿瘤

活性多糖具有抗肿瘤作用，可以抑制肿瘤细胞的生长和扩散，促进肿瘤细胞的凋亡，从而起到抗肿瘤作用。

（4）免疫调节

免疫系统是身体的一种重要防御机制，可以识别和清除入侵的病原体和异物。活性多糖可以通过调节免疫系统的功能，增强免疫力，预防疾病。

（5）促进肠道健康

肠道是身体的重要器官，负责消化和吸收营养物质。活性多糖可以通过调节肠道微生态平衡，维持肠道健康，预防肠道疾病。

（6）降血糖、降血脂

活性多糖可以通过降低血糖和血脂，预防糖尿病和心血管疾病。例如，壳聚糖具有降血糖作用，是因为其分子结构中含有大量的氨基和羟基，可以与血糖结合，从而降低血糖水平。

（7）抗疲劳

疲劳是一种常见的生理现象，可以导致身体免疫力下降，易感染疾病。活性多糖可以通过缓解疲劳，提高身体免疫力，预防疾病。

2.3.2 植物活性多糖的制备工艺

植物活性多糖一般可用热水提取。根据植物活性多糖具体性质的不同，也可用稀醇、稀碱、稀盐溶液或二甲基亚砜提取。另外，还可采取酶解法以及超声波或微波辅助提取的手段。植物活性多糖一般可用纯化法（沉淀法、膜分离法、蛋白质的去除等）、分离方法（色谱法、电泳法等）进行分离。

图 2-1 所示为采用 Sevag 法蛋白质去除的沉淀法对枸杞中的多糖进行提取分离。其中，三氯甲烷 - 甲醇（2：1）回流提取用于脱脂。双氧水处理起脱色作用。除蛋白采用了经典方法 Sevag 法，条件比较温和，

不易影响多糖活性。

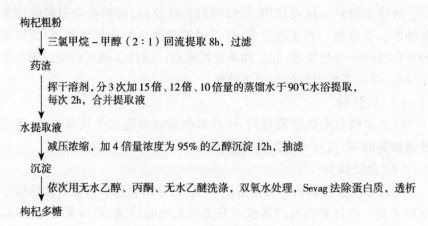

图 2-1 枸杞多糖的提取分离

图 2-2 所示为采用离子交换树脂法对刺五加中性多糖 ASPS-1 与酸性多糖 ASPS-2 进行提取分离。蛋白质是两性物质,可通过调节溶液 pH 而处于阴离子状态,增大阴离子交换树脂对其的吸附性;色素含有酚型化合物,大多呈阴离子,因此采用 D941 阴离子交换树脂除蛋白和色素。此法工艺简单,易实现放大提取,为多糖类化合物的除杂提供了一个新思路。利用 D941 阴离子交换树脂还可同时去除其他一些能与阴离子树脂发生离子交换或能与树脂表面基团形成氢键的无机物和小分子有机化合物。

图 2-3 所示为采用胃蛋白酶与 Sevag 法联用加 DE52 柱色谱脱色法对黄芪中的多糖进行提取。蛋白酶与 Sevag 法联用去除蛋白质的方法,具有经济、快速、高效安全、样品损失小等优点,是一种比较有前途的方法,在多糖精制过程中发挥着越来越重要的作用。另有研究的前处理中采用的是提取后直接以 DE52 柱色谱脱色,但由于无法加热,脱色效果较差,本工艺采取 DE52 煮沸脱色,操作简便、效率高,且多糖损失低,但也存在再生困难、成本高等弊端,实际操作中需综合考虑选择。

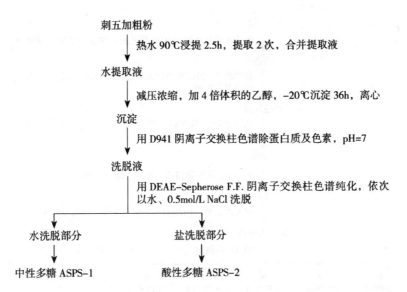

图 2-2　刺五加中性多糖 ASPS-1 与酸性多糖 ASPS-2 的提取分离

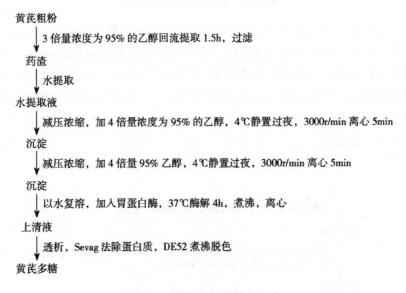

图 2-3　黄芪多糖的提取分离

图 2-4 所示为采用水提法与柱色谱分离法对党参中的多糖进行提取分离。用多糖常规提取纯化方法制备党参粗多糖,并以 DEAE 纤维素柱色谱分离得到五个洗脱部分。在正式水提取前,先以 95% 乙醇提取,除去色素等脂溶性、小极性杂质。

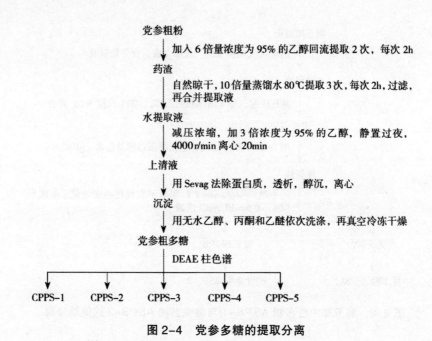

图 2-4　党参多糖的提取分离

　　图 2-5 所示为采用冷水浸提法对山药中的多糖进行提取分离流程。本工艺采用冷水浸提法提取山药多糖,在多糖提取方面报道较少。与传统热水提取相比,虽然提取率稍低,但却避免了由于温度高而引起的多糖的降解,并可相应减少提取液中淀粉、蛋白质等杂质的含量,因此具有一定的优势。

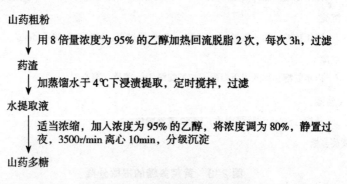

图 2-5　山药多糖的提取分离

　　图 2-6、图 2-7 所示为采用水提醇沉法对玉竹中的多糖进行提取分离。图 2-6 中玉竹粗多糖依次经过大孔树脂、分级醇沉、DEAE-52 柱色谱和 SephadexG-100 柱色谱的分离纯化,得到主要酸性多糖级分。洗脱需在碱性条件下进行。图 2-7 中采用水提醇沉经典方法提取总多

糖,通过 DEAE-52 纤维素柱色谱和 SepharoseCL-6B 柱色谱分离纯化,
得到一种玉竹中性多糖。

玉竹粗粉

　　↓ 脱脂,水提取,AB-8 大孔吸附树脂柱色谱洗脱脱色,浓缩

玉竹粗多糖

　　↓ 依次以浓度为 25% 的乙醇、浓度为 35% 的乙醇、浓度为 60% 的乙醇、
　　　浓度为 80% 的乙醇分级沉淀

80% 乙醇醇沉组分

　　↓ Sevag 法除蛋白质,透析,用 DEAE-52 柱色谱纯化,依次以水,0.1mol/L、
　　　0.2mol/L、0.5mol/L、0.8mol/L NaCl 及 0.1mol/L NaOH 洗脱

0.1mol/L NaCl 洗脱液

　　↓ 用 Sephadex G-100 柱色谱纯化,以 0.1mol/L NaCl 洗脱

玉竹酸性多糖

图 2-6　玉竹酸性多糖的提取分离

玉竹粗粉

　　↓ 6 倍量 80℃水提取 3 次,每次 1h,过滤,合并滤液

水提取液

　　↓ 减压浓缩,加入乙醇至含醇量达到 80%,4℃放置过夜,8000r/min 离心
　　　15min

沉淀

　　↓ 用 DEAE-52 柱色谱纯化,依次以水、0.2mol/L NaCl、0.5mol/L NaCl 洗脱

水洗脱液

　　↓ 用 Sepharose CL-6B 柱色谱洗脱

玉竹中性多糖

图 2-7　玉竹中性多糖的提取分离

2.3.3 植物活性多糖在食品中的应用

植物多糖作为食品添加剂、食品包装材料和营养保健食品等广泛应
用于食品工业。

由于植物多糖具有溶解性、低黏度、凝胶作用等特性,在食品添加

剂行业作为乳化剂、稳定剂、改良剂等应用最为广泛，如果胶、阿拉伯树胶、阿拉伯木聚糖等。多糖特别是小分子量多糖在水溶液中的聚集尺寸更小、迁移率更高，从而提高了界面容量并形成致密的界面层，这种致密的结构使能够提高乳液稳定性的表面活性基团具有更好的可及性。阿拉伯树胶是一种在软饮料行业应用广泛的多糖乳化剂，它能够在油滴表面形成稳定的大分子膜层。基于多糖的亲水性和凝胶特性，多糖在水溶液中能够形成三维网状结构，控制水分的迁移，这种作用机制能够很好地解释多糖在冰激凌中的稳定效应。刺槐豆胶比瓜尔豆胶具有更好的稳定作用，因为刺槐豆胶在冻融过程中会形成一定的凝胶结构。另外，多糖还是重要的食品改良剂，在烘焙食品中添加阿拉伯木聚糖，能够改善面包生产过程中淀粉的水结合能力、面团流变学、淀粉再生等物化特性。

随着现代食品工业的发展，食品包装是长期稳定保持食品质量的关键加工步骤之一。当前，生物可降解性、生物相容性包装材料引起广泛关注。作为一种新型的绿色环保包装材料，可食性包装材料备受推崇，在果蔬、乳制品和肉制品中应用较多，能够显著延长货架期。植物多糖基的可食性包装材料不仅无毒害作用，还能够保持食品质量甚至提高食品的风味和其他品质。

随着人们生活水平的提高和保健意识的增强，近年来植物多糖作为一种新型的营养保健食品或功能性食品日益受到消费者的青睐。植物来源的多糖功能良好、安全无毒、无副作用，如玉米须支链羧甲基多糖具有显著的抗氧化、抑制 α- 淀粉酶作用，并且不会产生毒副作用，可以作为营养保健食品食用；而绿茶多糖具有降低血糖的功能。

第 3 章　活性脂类的制备及应用

　　活性脂类是一类具有生物活性的脂质化合物,通常指那些在体内具有生理功能的脂质。活性脂类是一类非常重要的生物分子,它们在细胞膜的构成、信号传导、细胞代谢等方面都发挥着重要的作用。

　　活性脂类通常由甘油和脂肪酸组成,其中脂肪酸是活性脂类的主要结构单元。脂肪酸的种类和数量对活性脂类的性质和功能有着重要的影响。一些脂肪酸具有特殊的生物活性,如 ω-3 和 ω-6 多不饱和脂肪酸,它们在人体内具有重要的生理功能,如调节血脂、降低炎症反应、促进神经发育等。

3.1　多不饱和脂肪酸的制备及应用

3.1.1 多不饱和脂肪酸的定义和分类

　　活性脂类是一类对人体健康有着重要影响的天然化合物,其中多不饱和脂肪酸(Polyunsaturated Fatty Acids, PUFAs)是活性脂类中的一种重要类型。多不饱和脂肪酸是指分子中含有两个或更多双键的碳氢化合物,其化学结构中存在至少一个双键的位置。多不饱和脂肪酸在人体内具有多种生理功能,如调节血脂、降低血压、抗氧化等。多不饱和脂肪酸包括 ω-3 多不饱和脂肪酸、ω-6 多不饱和脂肪酸等。

　　多不饱和脂肪酸在人体内的代谢过程中,需要通过多不饱和脂肪酸氧化途径和 ω-6/ω-3 转化途径进行转化。其中,多不饱和脂肪酸氧化途径是指多不饱和脂肪酸在体内被氧化成一系列代谢产物,包括一系列酶促反应和自由基反应,最终生成一些对人体有益的物质,如前列腺素和白三烯等。而 $\omega-6/\omega-3$ 转化途径则是指多不饱和脂肪酸在体内被转化为 $\omega-3$ 多不饱和脂肪酸的过程,主要是通过一种酶催化的反应,最终生成 EPA 和 DHA 等 $\omega-3$ 多不饱和脂肪酸。

多不饱和脂肪酸在人体内的代谢过程受到多种因素的影响,如饮食结构、体内代谢酶的活性等。因此,多不饱和脂肪酸的摄入量和代谢状态对人体健康有着重要的影响。在实际应用中,多不饱和脂肪酸可以通过多种方式进行制备,如从天然植物中提取、通过化学合成等。此外,多不饱和脂肪酸的应用领域也非常广泛,如食品工业、医药行业、化妆品行业等。

3.1.1.1 $\omega-3$ 多不饱和脂肪酸的类型

$\omega-3$ 多不饱和脂肪酸是一种对人体健康具有重要意义的脂类,包括三种主要的脂肪酸:EPA、DHA 和 $\alpha-$ 亚麻酸。

EPA(二十碳五烯酸)、DHA(二十碳六烯酸)的分子结构中均含有一个双键,主要存在于海洋食物中,如鱼类、海藻等。EPA、DHA 对人体健康具有多种益处,如降低血脂、抗炎、抗氧化、抗肿瘤等。

$\alpha-$ 亚麻酸主要存在于亚麻籽等植物性食物中。$\alpha-$ 亚麻酸对人体健康具有多种益处,如降低血脂、抗炎、抗氧化、抗肿瘤等。

3.1.1.2 $\omega-6$ 多不饱和脂肪酸的类型

$\omega-6$ 多不饱和脂肪酸是一类含有 6 个碳原子的多不饱和脂肪酸,包括亚油酸(18:3)和 $\alpha-$ 亚麻酸(18:3)。

亚油酸是 $\omega-6$ 多不饱和脂肪酸中最常见的一种,其分子结构中含有一个双键,位于第 3 个碳原子上。亚油酸主要存在于植物油中,如大豆油、葵花籽油等。亚油酸在人体内可以转化为前列腺素和白三烯等生物活性物质,具有调节血脂、抗炎、抗氧化等作用。

$\alpha-$ 亚麻酸也是 $\omega-6$ 多不饱和脂肪酸中的一种,其分子结构中含有一个双键,位于第 6 个碳原子上。$\alpha-$ 亚麻酸主要存在于亚麻籽油、核桃油等植物油中。与亚油酸相比,$\alpha-$ 亚麻酸在人体内的代谢产物具有更强的抗炎和抗氧化作用,同时还具有调节血糖、降低胆固醇等作用。

除了亚油酸和 α- 亚麻酸,ω-6 多不饱和脂肪酸还包括其他一些类型,如油酸(18∶1)和棕榈油酸(18∶1)等。油酸的分子结构中含有一个双键,位于第 1 个碳原子上。油酸主要存在于橄榄油中,具有抗氧化、抗炎等作用。棕榈油酸的分子结构中含有一个双键,位于第 2 个碳原子上。棕榈油酸主要存在于棕榈油中,具有抗氧化、抗炎、抗肿瘤等作用。

3.1.2 多不饱和脂肪酸的生理功能

多不饱和脂肪酸(PUFAs)是一种重要的营养素,广泛存在于植物和海洋食物中。它们对人体的生理功能具有多方面的重要作用,主要包括以下几个方面。

3.1.2.1 增进神经系统功能

活性脂类对神经系统的保护作用非常重要。神经元是神经系统的基本单位,其细胞膜主要由磷脂类分子构成。这些分子不仅可以维持神经元细胞膜的完整性和稳定性,还可以调节细胞内外物质的转运和代谢。而活性脂类中的多不饱和脂肪酸(如 ω-3 和 ω-6 脂肪酸)可以被细胞膜上的特定受体结合,从而调节神经元的生长、分化和功能。ω-3 脂肪酸可以减少神经元的氧化应激,保护神经元免受自由基的损害。

活性脂类可以促进神经元之间的信号传递。神经元之间的信号传递是神经系统实现正常功能的关键。活性脂类中的神经递质前体可以被转化为神经递质,从而调节神经元之间的信号传递。ω-3 脂肪酸可以促进神经元之间的信号传递,从而增强神经系统的功能。

活性脂类可以影响神经元的突触可塑性。突触可塑性是神经系统适应性和学习能力的基础。活性脂类中的神经递质前体可以影响神经元的突触可塑性,从而增强神经系统的功能。ω-3 脂肪酸可以增加神经元的突触可塑性,从而促进神经元之间的信号传递。

3.1.2.2 降低血脂,防止动脉硬化

活性脂类中的多不饱和脂肪酸,如ω-3和ω-6脂肪酸,被广泛认为具有降低血脂的作用。这些脂肪酸可以与血液中的低密度脂蛋白(LDL)结合,并将其运输到肝脏进行代谢,从而减少血液中的LDL含量。此外,ω-3和ω-6脂肪酸还能够刺激肝脏合成高密度脂蛋白(HDL),从而进一步降低血脂水平。

动脉硬化是一种由于血管内壁损伤和脂质沉积而引起的疾病,会导致血管狭窄和心血管疾病的发生。多不饱和脂肪酸中的抗氧化物质,如维生素E和硒等,能够清除血管内壁的氧自由基,从而减少血管损伤的发生。同时,多不饱和脂肪酸还能够抑制炎症反应,减少动脉壁的炎症反应,从而降低动脉硬化的发生和发展。

3.1.2.3 抑制血小板凝集

血小板膜是由磷脂双层组成的,其中包含多种脂质,如磷脂酰胆碱、磷脂酰乙醇胺等。多不饱和脂肪酸可以通过与血小板膜上的脂质相互作用,改变膜的流动性,从而抑制血小板的聚集。研究发现,一些多不饱和脂肪酸,如花生四烯酸及其代谢产物,可以通过调节血小板膜上的磷脂酰丝氨酸和磷脂酰乙醇胺等成分的含量,来抑制血小板的聚集。

血小板膜的稳定性对于血小板的聚集具有重要的作用。多不饱和脂肪酸可以通过影响血小板膜的稳定性,来抑制血小板的聚集。研究发现,一些多不饱和脂肪酸如维生素E、鱼油等,可以通过抗氧化作用,保护血小板膜的稳定性,从而抑制血小板的聚集。

血小板膜上存在多种受体,如钙离子受体、凝血酶受体等。多不饱和脂肪酸可以通过影响这些受体的功能,来抑制血小板的凝集。

3.1.2.4 抗炎作用

多不饱和脂肪酸尤其是ω-3系列的脂肪酸,具有抗炎作用的主要原因是它们可以调节细胞内信号通路的平衡,抑制炎症反应的发生。在

炎症反应中,细胞会释放出一些炎症因子,如白介素-1、白介素-6 等,这些因子可以促进炎症反应的进行。而多不饱和脂肪酸可以抑制这些炎症因子的释放,从而减少炎症反应的发生。

除了抑制炎症因子的释放外,多不饱和脂肪酸还可以通过其他机制来发挥抗炎作用。例如, $\omega-3$ 系列的脂肪酸可以通过调节细胞内钙离子的浓度,抑制炎症反应的进行。此外, $\omega-3$ 系列的脂肪酸还可以通过调节细胞内信号通路的平衡,抑制炎症反应的进行。

3.1.3 多不饱和脂肪酸的制备工艺

多不饱和脂肪酸的制备方法有多种,每种方法都有其优缺点。在实际应用中,需要根据具体需求选择合适的制备方法。下面以亚油酸为例加以介绍。

亚油酸(图 3-1),又名顺,顺 $-9,12-$ 十八碳二烯酸,是一种 $\omega-6$ 多不饱和脂肪酸,是一种人体不能自行合成的必需脂肪酸。

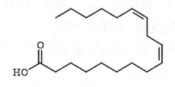

图 3-1　亚油酸的结构

3.1.3.1 尿素包合法

尿素包合法是一种在多不饱和脂肪酸分离领域中广泛应用的方法,其基本原理在于,饱和脂肪酸相较于多不饱和脂肪酸,与尿素形成稳定的包合物的能力更强。同样,单烯酸相较于二烯酸或多烯酸,更容易形成稳定的包合物。在尿素包合物的形成过程中,饱和脂肪酸和单不饱和脂肪酸与尿素形成的包合物结晶可以通过过滤的方式予以去除,从而实现多不饱和脂肪酸的富集,进而获得高纯度的多不饱和脂肪酸。

3.1.3.2 硝酸银硅胶柱色谱法

硝酸银硅胶柱色谱法是一种常用的分离纯化多不饱和脂肪酸的方法,可以用于制备亚油酸。这种方法的基本原理是利用硝酸银与多不饱和脂肪酸之间的化学吸附作用,通过硅胶柱色谱技术将亚油酸与其他脂肪酸分离。

具体操作步骤如下:

(1)将原料中的脂肪酸进行皂化,使脂肪酸转化为相应的钾盐。通常使用氢氧化钾和乙醇的混合溶液进行皂化反应。

(2)皂化反应完成后,再用盐酸将皂化产物酸化,使钾盐转化为相应的游离脂肪酸。

(3)将酸化产物加入到硝酸银溶液中,使亚油酸与硝酸银形成化学吸附作用,从而与其他脂肪酸分离。

(4)将硝酸银与脂肪酸的混合物涂布在硅胶柱上,进行柱色谱分离。选择适当的洗脱剂,如丙酮 – 正己烷混合溶剂,以一定的流速通过硅胶柱,使亚油酸与其他脂肪酸逐步分离。

(5)收集含有亚油酸的洗脱液,通过蒸发、干燥等步骤去除溶剂和水分,得到纯化的亚油酸产品。

需要注意的是,硝酸银硅胶柱色谱法在操作过程中需要严格控制条件,如硝酸银浓度、硅胶柱填充、洗脱剂选择等,以确保亚油酸的纯度和收率。此外,该方法在一定程度上仍存在化学试剂消耗大、成本较高、环境污染等问题,因此在实际应用中需要不断优化和改进。

3.1.3.3 分子蒸馏法

分子蒸馏法是一种在高真空条件下进行的蒸馏方法,可用于制备亚油酸。这种方法主要利用不同物质分子运动平均自由程的差别来实现分离。具体操作步骤如下:

(1)将含有亚油酸的原料在适当的溶剂中溶解,形成混合溶液。

(2)将混合溶液置于分子蒸馏装置中,通过减压泵将系统压力降至高真空状态。

(3)在高真空条件下,混合溶液中的各组分子会以不同的速率蒸发。由于亚油酸分子的平均自由程较大,因此其蒸发速率相对较快。

（4）蒸发后的亚油酸分子在遇到冷凝器表面时会冷凝成液态,从而与其他组分分离。

（5）收集含有亚油酸的冷凝液,通过适当的后处理步骤(如干燥、纯化等)得到纯化的亚油酸产品。

分子蒸馏法在制备亚油酸时具有一定的优势,如操作温度较低、分离效果较好等。然而,该方法也存在一定的局限性,如设备投资成本较高、对操作技术要求较高等。因此,在实际应用中需要根据具体条件进行选择和优化。

3.1.3.4 脂肪酶酶解法

脂肪酶酶解法是一种利用脂肪酶催化水解脂肪酸甘油酯来制备亚油酸的方法。具体操作步骤如下:

（1）选择合适的脂肪酶。选择具有较好水解活性和稳定性的脂肪酶,如木瓜蛋白酶、碱性蛋白酶等。

（2）配制反应体系。将含有亚油酸的原料(如植物油、动物脂肪等)与脂肪酶加入到反应釜中,形成酶解反应体系。在反应体系中,脂肪酶能够识别并催化水解脂肪酸甘油酯。

（3）调整反应条件。将反应体系的温度、pH 值等条件调整至脂肪酶的最适反应条件,以确保酶解反应的高效进行。

（4）进行酶解反应。在最适反应条件下,脂肪酶能够催化水解脂肪酸甘油酯,生成相应的游离脂肪酸,包括亚油酸。

（5）收集亚油酸。反应完成后,通过适当的分离纯化步骤(如共沸蒸馏、吸附、萃取等)将亚油酸与其他组分分离,得到纯化的亚油酸产品。

需要注意的是,脂肪酶酶解法在操作过程中需要严格控制条件,如脂肪酶的选择、反应体系的配制、反应条件的调整等,以确保亚油酸的纯度和收率。此外,该方法在一定程度上仍存在酶的稳定性、成本等问题。

3.1.3.5 溶剂冷冻结晶法

溶剂冷冻结晶法是一种利用溶剂和低温条件来分离和纯化亚油酸

的方法。具体操作步骤如下：

（1）选择合适的溶剂。选择对亚油酸具有较好溶解度且能形成结晶的溶剂，如丙酮、乙醇等。

（2）配制混合溶液。将含有亚油酸的原料与所选溶剂混合，形成混合溶液。在混合溶液中，亚油酸能够溶解在溶剂中。

（3）冷冻结晶。将混合溶液冷却至低于亚油酸在该溶剂中的溶解度所对应的温度，使亚油酸从溶液中结晶出来。

（4）分离结晶。将冷冻后的混合溶液进行过滤或离心等操作，将结晶的亚油酸与其他组分分离。

（5）收集和干燥。收集得到的亚油酸结晶，通过适当的干燥步骤去除残余的溶剂和水分，得到纯化的亚油酸产品。

需要注意的是，溶剂冷冻结晶法在操作过程中需要严格控制条件，如溶剂的选择、冷冻温度的控制等，以确保亚油酸的纯度和收率。此外，该方法在一定程度上仍存在溶剂消耗大、成本较高、环境污染等问题。

3.1.4 多不饱和脂肪酸在食品中的应用

在食品中，多不饱和脂肪酸的应用非常广泛，下面将详细论述其在食品中的应用。

（1）作为营养强化剂

由于多不饱和脂肪酸对人体健康具有重要作用，因此在许多食品中添加适量的多不饱和脂肪酸可以提高食品的营养价值。例如，在面包、饼干、麦片等食品中添加适量的多不饱和脂肪酸，可以提高食品的饱腹感和营养价值。

（2）作为天然保鲜剂

多不饱和脂肪酸具有抑制细菌生长的作用，可以有效地延长食品的保质期。在许多食品中，例如鱼类、肉类和乳制品等，添加适量的多不饱和脂肪酸可以有效地抑制细菌的生长，从而延长食品的保质期。

（3）作为天然营养素

多不饱和脂肪酸对人体健康具有多种生理功能，例如调节血脂、预防动脉粥样硬化、降低炎症反应等。在许多食品中添加适量的多不饱和脂肪酸可以有效地提高食品的营养价值。

3.2　单不饱和脂肪酸的制备及应用

3.2.1 单不饱和脂肪酸的定义

单不饱和脂肪酸（Monounsaturated Fatty Acid，MUFA）是一类脂肪酸，其分子结构中仅含有一个双键。这类脂肪酸在自然界中广泛存在，如油酸（Oleic Acid）就是最常见的单不饱和脂肪酸之一。

单不饱和脂肪酸的化学结构使其在室温下呈液态，具有较低的熔点和较高的沸点。这类脂肪酸在人体的代谢过程中具有相对较低的氧化速率，因此被认为对心血管健康有益。一些研究表明，适量摄入单不饱和脂肪酸有助于降低低密度脂蛋白胆固醇（LDL-C）水平，提高高密度脂蛋白胆固醇（HDL-C）水平，从而降低心血管疾病的风险。

常见的富含单不饱和脂肪酸的食物包括橄榄油、花生油、鳄梨、坚果等。在平衡膳食中，适当摄入单不饱和脂肪酸对健康有益。

3.2.2 单不饱和脂肪酸的种类及来源

单不饱和脂肪酸（MUFA）是一类在分子结构中仅含有一个双键的脂肪酸。这类脂肪酸在自然界中广泛存在，以下是一些常见单不饱和脂肪酸的种类及其来源。

（1）油酸（Oleic Acid）：最常见的单不饱和脂肪酸，广泛存在于橄榄油、花生油、鳄梨、坚果等食物中。

（2）肉豆蔻油酸（Myristoleic Acid）：主要存在于肉豆蔻、羊脂、黄油等食物中。

（3）棕榈油酸（Palmitoleic Acid）：主要存在于棕榈油、猪油、牛油等食物中。

（4）山嵛酸（Erucic Acid）：主要存在于油菜籽油、芥末油等食物中。

（5）鲸蜡烯酸（Cerotic Acid）：主要存在于鲸蜡、羊脂等食物中。

（6）豆蔻酸（ Myristic Acid ）：主要存在于豆蔻、棕榈油、椰子油等食物中。

3.2.3 单不饱和脂肪酸的生理功能

单不饱和脂肪酸是活性脂类的一种，具有多种生理功能，如抗氧化、抗炎、降血脂、降血糖等。

3.2.3.1 抗氧化

在生物体内，自由基是导致细胞损伤的主要原因之一。而单不饱和脂肪酸具有很强的抗氧化作用，可以清除自由基，保护细胞膜免受氧化损伤。单不饱和脂肪酸对细胞内脂质过氧化物具有还原作用，从而保护细胞免受氧化应激。

3.2.3.2 抗炎

炎症是机体对外部刺激的一种自我保护反应，但如果炎症反应过度，就会导致组织损伤和疾病发生。单不饱和脂肪酸可以通过调节炎症因子的产生和释放，抑制炎症反应，从而发挥抗炎症作用。此外，单不饱和脂肪酸还可以通过影响免疫细胞的功能，调节免疫反应，进一步发挥抗炎症作用。

3.2.3.3 降血脂

高脂血症是导致动脉粥样硬化、冠心病等心血管疾病的重要危险因素。单不饱和脂肪酸可以通过降低甘油三酯、胆固醇等血脂指标，降低血脂水平，从而预防心血管疾病的发生。此外，单不饱和脂肪酸还可以通过抗氧化、抗炎等作用，减少动脉粥样硬化的发生和发展。

3.2.3.4 降血糖

糖尿病是常见的代谢性疾病，高血糖是糖尿病的主要表现之一。单不饱和脂肪酸可以通过降低血糖水平,调节胰岛素分泌,抑制胰高血糖素的分泌,从而发挥降血糖作用。此外,单不饱和脂肪酸还可以通过抗氧化、抗炎等作用,减少糖尿病并发症的发生。

3.2.4 单不饱和脂肪酸的制备工艺

单不饱和脂肪酸和多不饱和脂肪酸的制备工艺具有一定的相似性,但在实际操作过程中,需要根据具体情况进行优化和调整。下面以棕榈油酸为例加以介绍。

棕榈油酸(图 3-2)是一种单不饱和脂肪酸,又称为顺 -9- 十六碳烯酸,不溶于水,可溶于乙醇、甲醇、醋酸等有机溶剂。

图 3-2　棕榈油酸的结构

3.2.4.1 CO_2 超临界萃取法

CO_2 超临界萃取法制备棕榈油酸的步骤如下:

(1)原料准备。选择富含棕榈油酸的植物油作为原料。

(2)CO_2 超临界萃取设备准备。包括萃取釜、分离器、高压泵、冷却器、加热器等。

(3)萃取条件优化。根据原料的性质和目标产物的要求,优化萃取条件,如压力、温度、流速等。通常情况下,压力为 10 ～ 30MPa,温度为 40 ～ 60℃,流速为 5 ～ 20L/h。

(4)萃取过程。将原料加入萃取釜中,通过高压泵将 CO_2 注入萃取釜,保持一定的压力和温度,使 CO_2 达到超临界状态。在超临界状态下,CO_2 与原料接触,有选择性地萃取出棕榈油酸等目标成分。

(5)分离与收集。萃取后的混合物进入分离器,由于压力降低,CO_2 迅速气化,与萃取物分离。分离后的萃取物中含有棕榈油酸等目标成分,可进一步通过其他方法进行纯化。

（6）CO_2 回收。将分离器中气化的 CO_2 通过冷却器和加热器进行循环利用,减少成本和环境污染。

（7）产物纯化。对萃取物进行进一步的纯化处理,如分子蒸馏、结晶等方法,以提高棕榈油酸的纯度。

通过以上步骤,可以利用 CO_2 超临界萃取法制备棕榈油酸。该方法具有操作简便、无污染、提取速度快等优点,适用于棕榈油酸的工业化生产。

3.2.4.2 分子蒸馏法

分子蒸馏法制备棕榈油酸的步骤如下:

（1）原料准备。选择富含棕榈油酸的植物油作为原料。

（2）分子蒸馏设备准备。包括蒸馏釜、冷凝器、真空泵等。

（3）分离条件优化。根据原料的性质和目标产物的要求,优化分离条件,如压力、温度、进料速率、刮膜转速等。通常情况下,压力为 $0.1 \sim 0.2\,Pa$,温度为 $70 \sim 140\,℃$,进料速率和刮膜转速在保证能形成均匀薄膜的条件下进行。

（4）分离过程。将原料加入蒸馏釜中,通过加热使原料中的棕榈油酸等成分蒸发。在低压条件下,棕榈油酸等成分以蒸汽形态通过刮膜器形成均匀薄膜,进一步蒸发并进入冷凝器。

（5）冷凝与收集。在冷凝器中,棕榈油酸等蒸汽成分被冷却并转化为液态,收集在接收瓶中。

（6）产物纯化。对收集到的产物进行进一步的纯化处理,如重结晶、色谱等方法,以提高棕榈油酸的纯度。

通过以上步骤,可以利用分子蒸馏法制备棕榈油酸。该方法具有分离效果好、产品纯度高、操作温度低等优点。

3.2.5 单不饱和脂肪酸在食品中的应用

单不饱和脂肪酸在食品中的应用主要包括以下几个方面。

3.2.5.1 提高食品营养价值

在食品中添加单不饱和脂肪酸,可以提高食品营养价值。例如,在面包、饼干、糕点等食品中添加单不饱和脂肪酸,可以改善食品的营养成分,满足人体对健康饮食的需求。

3.2.5.2 改善食品口感

单不饱和脂肪酸具有独特的香味和风味,因此在食品中的应用也非常广泛。例如,在烘焙食品中添加单不饱和脂肪酸可以提高食品的口感和香味,增加食品的风味。

3.2.5.3 作为食品防腐剂

单不饱和脂肪酸具有抗菌和防腐的作用,因此在食品中的应用也非常广泛。例如,在食用油、奶油、黄油等食品中添加适量的单不饱和脂肪酸可以延长食品的保质期,保证食品的品质和安全。

3.3　磷脂的制备及应用

3.3.1 磷脂的定义

磷脂是一种重要的生物分子,具有多种生物学功能和广泛的应用领域。在生物体内,磷脂是构成细胞膜的主要成分之一,细胞膜是细胞内外环境的隔离屏障,也是细胞内许多生物化学反应的场所。因此,磷脂在细胞代谢、信号传导、细胞识别、细胞迁移、细胞凋亡等过程中发挥着重要作用。

磷脂的化学结构是由磷酸、甘油和脂肪酸三部分组成,其中脂肪酸可以是长链或短链的饱和脂肪酸或不饱和脂肪酸。在生物体内,磷脂可以形成多种不同的结构,如磷脂酰胆碱、磷脂酰乙醇胺、磷脂酰丝氨酸等。这些不同的磷脂结构在细胞膜中发挥着不同的生物学功能。

磷脂在生物体内的制备主要依赖于生物合成途径,包括内质网、高尔基体和溶酶体等细胞器。在生物体内,磷脂的合成需要经过多个步骤,包括脂肪酸的活化、磷脂酰化、胆碱酯酶的降解等。其中,磷脂酰化是磷脂合成的重要步骤,需要由磷脂酰化酶等酶类催化。

除了在生物体内的生物合成途径,磷脂还可以通过人工合成的方式制备。其中,最常见的方法是化学合成,通过将脂肪酸和磷酸等原料在一定条件下进行反应,得到磷脂。此外,还可以通过生物转化途径,如通过微生物发酵等方式制备磷脂。

在食品领域,磷脂可以用于制备食品膜、稳定食品结构、增强食品营养价值等。在医药领域,磷脂可以用于制备药物载体、生物膜、药物递送系统等。在化妆品领域,磷脂可以用于制备乳液、润肤剂、保湿剂等。

3.3.2 磷脂的生理功能

磷脂是一类重要的生物分子,在细胞膜、细胞器膜和细胞内脂质体的结构中起着至关重要的作用。磷脂的生理功能主要包括以下几个方面。

3.3.2.1 细胞膜的主要组成之一

细胞膜是细胞内外环境的隔离屏障,同时也是细胞内各种生物化学反应的场所。细胞膜主要由磷脂和蛋白质组成,其中磷脂占据了细胞膜总量的 50% 以上。

磷脂分子的结构特点是具有疏水性和亲水性两个部分。疏水性部分位于磷脂分子的内部,由脂肪酸链组成,而亲水性部分则位于磷脂分子的外部,由磷酸基团和甘油分子组成。这种结构特点使得磷脂分子可以与水相相互作用,同时又能够与脂质双层相互作用,从而形成了细胞膜的基本结构。

磷脂在细胞膜中的作用非常重要。首先,磷脂可以与脂质双层相互作用,维持了脂质双层的稳定性。其次,磷脂可以与细胞内的蛋白质相互作用,从而影响了细胞内的信号传导和代谢过程。此外,磷脂还可以参与细胞内的膜转运和细胞识别等过程。

3.3.2.2 调节细胞信号转导

磷脂和蛋白质组成的细胞膜和细胞内脂质体是细胞内信号转导的主要场所。细胞膜和细胞内脂质体中的磷脂分子可以通过与膜蛋白和细胞内信号转导分子相互作用来调节细胞内信号转导的过程。例如,磷脂酰肌醇－3－激酶(PI3K)是一种重要的细胞内信号转导分子,可以通过与细胞膜和细胞内脂质体中的磷脂分子相互作用来调节细胞内信号转导的过程。

3.3.2.3 参与细胞增殖和分化

磷脂在细胞增殖和分化过程中也起着重要的作用。细胞增殖和分化是细胞生长和发育的基本过程,需要细胞内各种生物化学反应的协调和调节。磷脂可以通过调节细胞内信号转导、细胞内物质运输和代谢等过程来影响细胞增殖和分化的过程。

3.3.2.4 促进脂肪代谢

脂肪代谢是指身体如何处理和消耗脂肪的过程。磷脂是构成细胞膜的重要成分,可以促进脂肪在体内的分解和利用。当身体需要能量时,脂肪可以被分解成脂肪酸和甘油,然后通过氧化代谢产生能量。磷脂可以提高脂肪酸的氧化速度,促进脂肪代谢。

3.3.2.5 降低血清胆固醇,改善血液循环,预防心血管疾病

磷脂可以通过饮食摄入或口服补充剂的形式进入人体。研究表明,磷脂可以降低血液中的胆固醇水平,从而降低心血管疾病的风险。这是因为磷脂可以与胆固醇结合,使其变得不稳定,从而更容易被肝脏和胆囊排出体外。此外,磷脂还能够促进血液循环,增加血液中高密度脂蛋白的水平,从而进一步降低胆固醇水平。

除了降低血清胆固醇之外,磷脂还可以改善血液循环。这是因为磷脂可以增加血管内皮细胞的功能,促进血管平滑肌的松弛,从而降低血

管阻力,增加血流量。此外,磷脂还能够刺激血管内皮细胞释放一氧化氮等舒张血管的物质,进一步促进血液循环。

磷脂还可以预防心血管疾病。这是因为磷脂可以降低血液中的胆固醇水平,减少动脉粥样硬化的发生。此外,磷脂还能够促进血小板聚集,从而减少血栓形成的风险。

3.3.3 磷脂的制备工艺

3.3.3.1 蛋黄磷脂的制备

（1）有机溶剂法

有机溶剂法是蛋黄磷脂最常用的提取方法,在不同的有机溶剂中,蛋黄中的各种组分具有不同的溶解度,因此可以根据溶解度的不同而将不同的组分提取出来。单一溶剂提取蛋黄磷脂的提取效果不是很理想,因此研究人员主要采用两种及以上的有机混合溶剂对蛋黄磷脂进行提取。

有机溶剂法是一种广泛应用的磷脂提取方法,其原理是利用有机溶剂对磷脂的溶解度差异进行分离和提取。在不同的有机溶剂中,蛋黄中的不同组分具有不同的溶解度,因此可以根据这些溶解度的差异将蛋黄中的不同组分进行分离和提取。例如,磷脂在氯仿中的溶解度很高,而在水中的溶解度很低,因此可以将蛋黄中的磷脂提取出来。

然而,单一溶剂提取蛋黄磷脂的提取效果并不理想。这是因为蛋黄中除了磷脂之外还含有其他组分,如蛋白质、脂肪、糖类等,这些组分在单一溶剂中的溶解度差异很小,难以进行分离和提取。因此,研究人员通常采用两种或以上的有机混合溶剂对蛋黄磷脂进行提取。

有机混合溶剂可以提高蛋黄磷脂的提取效率。例如,在二氯甲烷和甲苯的混合溶剂中,蛋黄磷脂的溶解度较高,而其他组分的溶解度较低,因此可以将蛋黄磷脂提取出来,同时也可以去除其他组分。此外,有机混合溶剂的种类和比例也可以影响蛋黄磷脂的提取效果。例如,在四氯化碳和氯仿的混合溶剂中,蛋黄磷脂的提取效果比在单一溶剂中的提取效果更好。

虽然有机溶剂法是蛋黄磷脂提取的首选方法,但在实际应用中还需要考虑其他因素,如有机溶剂的毒性、成本、环境影响等。因此,在选择有机溶剂法时,需要综合考虑各种因素,选择最适合的有机溶剂和提取条件。

例如,用正己烷-丙酮双溶剂体系提取蛋黄 PC 和 PE,具体步骤为:分别将 E70EYP、GEYP、RCEYP 蛋黄粉(5g)完全溶解于 40mL 无水乙醇中,电动搅拌器剪切搅拌 20min,温度为 50℃。搅拌结束后,过滤,得到滤渣和滤液(乙醇提取物)。滤渣重复上述步骤。合并乙醇提取物,在 50℃下减压浓缩,除去溶剂后,加入 8mL 正己烷溶解,然后加入 40mL 常温丙酮。混合溶液在 -20℃下冷冻 20h,沉淀磷脂。除去上清液,沉淀用丙酮(-20℃)反复洗涤,直到上清液变得澄清透明。沉淀经真空干燥后即得到富含 PC 和 PE 的蛋黄磷脂产品。

（2）吸附法

吸附法是利用蛋黄磷脂中各组分与吸附剂之间结合力强弱的差异,实现难吸附组分与易吸附组分的分离。吸附法分为静态吸附和动态吸附,其中静态吸附适用于对蛋黄磷脂的短期吸附,而动态吸附则适用于长时间吸附过程。在吸附蛋黄磷脂的过程中,硅胶、氧化铝和硅藻土等吸附剂被广泛使用。

柱层析法属于动态吸附。柱层析法具有操作简单、分离效率高的优点,但其洗脱溶剂消耗量大,且产品处理量小,不适合工业大规模生产。

（3）低温冷冻结晶法

低温冷冻结晶法是一种用于提取蛋黄磷脂的方法。该方法的基本原理是利用物质在低温下的溶解度降低,从而使其从溶液中结晶出来。

低温冷冻结晶提取蛋黄 PC 和 PE 的具体步骤为:分别准确称取 E70EYP、GEYP、RCEYP 蛋黄粉 5g,置于 100mL 烧杯中,加入 50mL 丙酮,20℃下搅拌 30min,过滤,滤渣重复上述步骤一次。滤渣于通风橱中风干后,加入 40mL 无水乙醇,50℃下用电动搅拌器剪切搅拌 20min,抽滤,滤渣重复提取一次。合并两次提取所得滤液,滤液减压浓缩,除去溶剂后得到乙醇粗提物。按 1:4(蛋黄粉/乙醇,w/v)加入无水乙醇溶解乙醇粗提物,置于 -20℃冷冻 20h,抽滤,迅速除去冷冻过程析出的沉淀,滤液减压浓缩至 5mL,转移至蒸发皿中,置于真空干燥箱中干燥 5h,得到富含磷脂酰胆碱和磷脂酰乙醇胺的蛋黄磷脂。

3.3.3.2 大豆浓缩磷脂的制备

利用正己烷溶剂和无机陶瓷膜制备大豆浓缩磷脂的步骤为：

（1）溶解离心。将饲料级大豆浓缩磷脂与正己烷以1∶10（g/mL）比例混合溶解，通过离心机离心分离得到上清液，离心机转速2000r/min，离心时间10min；离心目的是初步去除大豆磷脂里颗粒较大的杂质。

（2）膜过滤。选择不同孔径的无机陶瓷膜对上清液进行过滤，经过脱溶得到大豆浓缩磷脂。

（3）脱色。向大豆浓缩磷脂中添加浓度为30%的过氧化氢，真空状态（绝对压力0.01MPa），搅拌速度60r/min，在一定温度下反应一段时间，用薄膜蒸发器对大豆浓缩磷脂进行脱水处理90℃，20min，得到成品大豆浓缩磷脂。

3.3.4 磷脂在食品中的应用

磷脂在食品中的应用非常广泛，不仅可以作为食品添加剂，还可以作为营养强化剂和生物活性物质。

3.3.4.1 在人造奶油和糖果中的应用

磷脂在人造奶油中的应用可以提高其稳定性和营养价值。磷脂可以增加人造奶油的乳化稳定性，防止其分层和变质。同时，磷脂还具有提高人造奶油营养价值的作用，可以增加其中必需脂肪酸和维生素E等营养成分的含量。

磷脂在糖果生产中也有广泛应用。它可以作为糖果内部粒子的润滑剂和表面结构的改良剂，降低混合物的黏度，提高糖果的均匀性。此外，磷脂还可以与其他稳定剂产生协同作用，增加对游离水的结合，改进产品组织的柔软性。在巧克力生产中，磷脂可以作为润滑剂和表面结构的改良剂，提高巧克力的加工性能和口感。

3.3.4.2 在焙烤制品中的应用

在焙烤制品中的应用,主要体现在以下几个方面。

(1)乳化剂。在制作面包、糕点等焙烤制品时,通常需要将油脂与水混合,形成乳状液体。然而,在混合过程中,油脂和水是不相溶的,需要添加乳化剂来促进它们之间的混合。磷脂作为一种高效乳化剂,可以有效地将油脂与水混合,使焙烤制品更加柔软和口感更好。

(2)食品营养强化剂。磷脂中含有丰富的磷脂酰丝氨酸和磷脂酰乙醇胺等营养成分,可以增强焙烤制品的营养价值。例如,在制作蛋挞等焙烤制品时,添加一定量的磷脂可以提高食品的营养价值,同时也可以增强食品的口感和稳定性。

(3)抗氧化剂。焙烤制品在制作过程中,由于高温和油脂的存在,容易产生氧化反应,导致食品变质和口感下降。磷脂作为一种天然的抗氧化剂,可以有效地抑制食品的氧化反应,延长食品的保质期和口感。

3.3.4.3 在乳制品和饮料中的应用

在乳制品中,磷脂可以作为一种营养强化剂,提高乳制品的营养价值。例如,在牛奶中添加磷脂,可以提高牛奶中的脂肪和胆固醇含量,增强牛奶的口感和营养价值。此外,磷脂还可以改善乳制品的氧化稳定性,延长乳制品的保质期。

在饮料中,磷脂可以作为一种增稠剂和稳定剂,提高饮料的稳定性和口感。例如,在果汁、茶饮料、碳酸饮料等饮料中添加磷脂,可以提高饮料的口感和稳定性,防止饮料分层和沉淀。

3.3.4.4 在肉制品中的应用

在肉制品中,磷脂被广泛应用于食品加工和保鲜中,下面将从以下几个方面详细论述磷脂在肉制品中的应用。

(1)食品加工。磷脂在肉制品中主要用于食品加工,如炸制、烘烤、微波炉加热等。磷脂具有良好的乳化作用,可以提高肉制品的稳定性和口感,同时还可以减少肉制品的脂肪含量,提高其营养价值。此外,磷脂还可以提高肉制品的色泽和口感,使肉制品更加美味可口。

（2）保鲜。磷脂在肉制品中还可以用于保鲜。由于磷脂具有良好的稳定性和生物活性,可以有效地延长肉制品的保质期。磷脂可以抑制微生物的生长,防止肉制品腐败变质,从而保证肉制品的品质和口感。

（3）营养强化。磷脂在肉制品中还可用于营养强化。磷脂是一种重要的营养素,可以为人体提供必需的脂肪酸和磷脂。在肉制品中添加适量的磷脂,可以提高肉制品的营养价值,为人体提供更多的营养成分。

（4）食品安全。磷脂在肉制品中的应用还可以保证食品安全。磷脂可以有效地杀灭细菌和病毒,防止肉制品被污染。此外,磷脂还可以有效地降解肉制品中的有害物质,如多环芳烃等,从而保证肉制品的安全性。

第 4 章　自由基清除剂的制备及应用

自由基清除剂是一类能够清除体内自由基,防止自由基对生物体造成损伤的物质。自由基清除剂的制备及应用具有广泛的研究价值和实际应用前景。通过选择适当的原料、制备方法和形态设计,可以制备出高效、安全的自由基清除剂,满足不同领域的需求。

4.1　自由基清除剂的种类及其作用机理

4.1.1 自由基清除剂的种类

自由基清除剂是一类能够清除自由基的化学物质。自由基是一种高度反应性的分子,能够对生物体和环境造成许多负面影响,如氧化应激、DNA 损伤和细胞死亡等。自由基清除剂的种类繁多,以下是其中一些常见的自由基清除剂。

(1)抗氧化剂。抗氧化剂是一种常见的自由基清除剂,能够保护生物体免受自由基的损害。抗氧化剂包括维生素 C、维生素 E、硒、锌、铜等。其中,维生素 C 是一种广泛应用的自由基清除剂,具有很强的抗氧化作用,能够保护细胞免受自由基的攻击。

(2)酚类化合物。酚类化合物也是一种常见的自由基清除剂,具有很强的抗氧化作用。酚类化合物包括儿茶素、黄酮类化合物等,它们能够清除自由基,保护细胞免受氧化应激。

(3)黄酮类化合物。黄酮类化合物是一类具有抗氧化活性的化合物,能够清除自由基,保护细胞免受氧化应激。黄酮类化合物包括花青素、紫罗兰酮等。

（4）类胡萝卜素。类胡萝卜素是一类具有抗氧化活性的化合物,能够清除自由基,保护细胞免受氧化应激。类胡萝卜素包括 $\beta-$ 胡萝卜素、$\alpha-$ 胡萝卜素等。

（5）茶多酚。茶多酚是一种具有抗氧化活性的化合物,能够清除自由基,保护细胞免受氧化应激。茶多酚包括儿茶素、表儿茶素等。

（6）硒化物。硒化物是一种具有抗氧化活性的化合物,能够清除自由基,保护细胞免受氧化应激。硒化物包括硒酸盐、硒酸钙等。

（7）金属离子。金属离子也是一种具有抗氧化活性的化合物,能够清除自由基,保护细胞免受氧化应激。金属离子包括铁、锌等。

（8）光敏剂。光敏剂是一种具有抗氧化活性的化合物,能够清除自由基,保护细胞免受氧化应激。光敏剂包括维生素 A、维生素 B_3 等。

自由基清除剂的种类繁多,不同的自由基清除剂具有不同的抗氧化作用,能够清除不同类型的自由基。因此,在选择自由基清除剂时,需要根据具体的需求和用途进行选择。

4.1.2 自由基清除剂的作用机理

自由基是一种高度反应性的化学物质,可以攻击人体细胞内的分子,导致氧化应激反应,进而引发多种疾病。自由基清除剂的作用机理主要体现在以下几个方面。

（1）清除自由基

自由基清除剂的主要作用机理是通过清除自由基来保护人体健康。自由基是一种高度反应性的化学物质,可以攻击人体细胞内的分子,导致氧化应激反应。自由基清除剂可以通过抗氧化反应,将自由基转化为无害的分子,从而减少自由基对人体的伤害。

（2）抑制自由基的生成

自由基的生成是导致氧化应激反应的主要原因之一。自由基的生成与人体内的一些化学反应有关,如细胞呼吸和代谢过程。自由基清除剂可以通过抑制自由基的生成来减少自由基的含量,从而减少氧化应激反应的发生。

（3）提高抗氧化酶的活性

抗氧化酶是人体内的一种酶类物质,能够有效地清除自由基。自由基清除剂可以通过提高抗氧化酶的活性来增强人体的抗氧化能力。抗氧化酶的活性受到一些因素的影响,如年龄、饮食、生活方式等。自由基清除剂可以通过调节这些因素来提高抗氧化酶的活性,从而增强人体的抗氧化能力。

（4）调节基因表达

基因表达是指基因转录和翻译的过程,是细胞内信息传递的重要方式。自由基清除剂可以通过调节基因表达来减少自由基对人体的伤害,从而保护人体健康。

4.2　黄酮类化合物的制备及应用

黄酮类化合物是一类广泛存在于植物中的天然产物,具有多种生物活性,如抗氧化、抗炎、抗肿瘤等。黄酮类化合物具有自由基清除剂的特性,可以有效地清除体内的自由基,保护细胞免受氧化损伤。

4.2.1 黄酮类化合物的结构

黄酮类化合物的基本母核为 2 – 苯基色原酮,泛指两个苯环(A 环与 B 环),通过中央 3 个碳原子相互连接而成的一系列化合物,如图 4–1 所示。

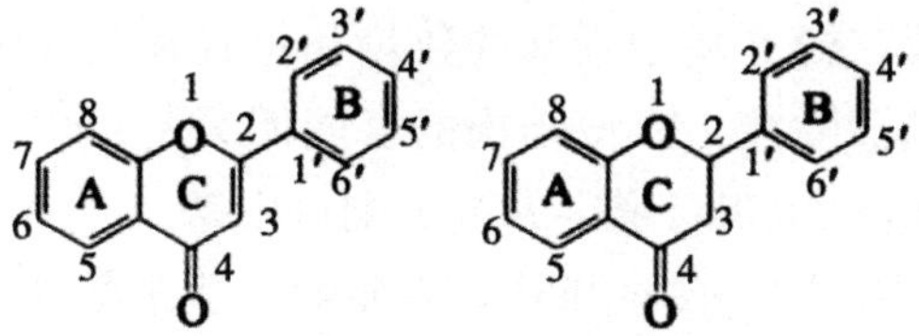

2– 苯基色原酮　C_6—C_3—C_6

图 4–1　黄酮类化合物基本母核

天然黄酮类多为上述基本母体的衍生物,常见的取代基有—OH、—OCH_3 以及异戊烯基等。

根据中央三碳的氧化程度、是否成环、B 环的联接位点等特点,可将该类化合物分为多种结构类型。黄酮类化合物的结构主要包括以下几种类型:

(1)黄酮和黄酮醇类。这类化合物的分子结构中包含一个色原酮环,根据 B 环连接的位置和取代基的不同,又可分为黄酮、黄酮醇、二氢黄酮和二氢黄酮醇等。

(2)异黄酮和二氢异黄酮类。这类化合物的结构与黄酮类相似,但 B 环与 C 环之间的位置不同,形成一个六元环。

(3)查耳酮和二氢查耳酮类。这类化合物的结构特点是 A 环为色原酮环,B 环为苯环,两者通过 C 环相连接。

(4)橙酮类。这类化合物的结构特点是 A 环为色原酮环,B 环为苯环,两者通过 C 环相连接,且在 A 环上有一个甲基。

(5)花色素类。这类化合物的结构特点是 A 环为色原酮环,B 环为苯环,两者通过 C 环相连接,且在 A 环上有一个羟基。

(6)黄烷醇类。这类化合物的结构特点是 A 环为色原酮环,B 环为苯环,两者通过 C 环相连接,且在 A 环上有一个甲氧基。

4.2.2 黄酮类化合物的生理功能

黄酮类化合物具有多种生理功能,主要体现在以下几个方面。

4.2.2.1 抗氧化

在黄酮类化合物中,抗氧化能力取决于官能团的类型及其围绕核结构的排列。邻苯二酚 B 环中羟基的数量和位置及其在吡喃 C 环上的位置会影响自由基清除能力。该结构的官能团羟基可以通过共振将电子和氢供给自由基,产生相对稳定的类黄酮自由基。

活性氧被认为是有害的中间体,主要响应非生物胁迫和呼吸过程而产生。过量活性氧的产生源于氧化剂和抗氧化剂之间的不平衡,导致体内 DNA 切割、蛋白质氧化和脂质过氧化。因此,平衡氧化和抗氧化防御系统对于维持健康的生物系统至关重要。抗氧化剂可以清除自由基,从而减少它们对人体的伤害。

近年来,许多研究人员发现,类黄酮是重要的次生代谢产物,广泛存在于植物组织中,其体外生物活性引起了许多研究人员的极大兴趣。目前,有多种方法可以评估天然产物在体外和体内的抗氧化能力。体内动物实验和人体研究更适合呈现样品的抗氧化活性,但由于耗时且成本高,以及它们对体内试验吸收、分布、代谢、储存和排泄等生理药理过程的干扰,因此这些方法并不总是适用。而体外测试,例如自由基清除活性测定或氧化应激下细胞活力的测定,是快速有效的。然而,基于不同方法的测量结果通常不同,因此评估需要多种生物学测定,包括基于化学和基于细胞的测定。

一般来说,由于植物提取物中的抗氧化化合物结构复杂且具有化学多样性,单一的测定不适合准确测定样品中存在的所有化合物的抗氧化活性,因此主要使用多种测定方法。

4.2.2.2 抗炎

炎症的发生是由多种原因造成的,例如组织物理损伤或创伤、化学品暴露和微生物感染。通常,炎症过程是快速且自限性的,但在某些情况下,炎症期延长会导致癌症、糖尿病、心血管和神经退行性疾病以及肥胖症等多种慢性或退行性疾病的发展。在炎症过程中,黄酮类化合物可以作为: 抗氧化剂清除自由基或减少自由基积累; 调节酶(例如,蛋白激酶和磷酸二酯酶)的活性抑制剂以及控制参与炎症过程的介质有关的转录因子; 免疫细胞活性的调节剂(例如,抑制细胞活化,成熟、信号转导和分泌过程)。研究表明,富含水果和蔬菜以及非加工和低糖食物的健康饮食可以预防炎症性疾病。黄酮类化合物,如黄酮醇(例如槲皮素、芦丁和桑黄素)、黄烷酮类(例如橙皮素和橙皮苷)、黄烷醇(例如儿茶素)、异黄酮(例如染料木素)和花青素在体外和体内实验以及临床研究中已被证明具有抗炎功能。

4.2.2.3 抗癌

黄酮类化合物通过灭活致癌物、诱导细胞凋亡、触发细胞周期停滞和抑制血管生成来发挥其活性。据报道,黄酮类化合物通过抑制自由基形成和抑制黄嘌呤氧化酶、2-环氧合酶和5-脂氧合酶来抑制肿瘤细胞增殖,这些酶与肿瘤的发展有关。黄酮类化合物具有广泛的抗癌作用。

例如,黄酮类化合物异鼠李素和阿卡西丁可以抑制人类乳腺癌的增殖,山奈酚对人骨肉瘤和乳腺癌、胃和肺癌细胞具有抗增殖和凋亡活性。

4.2.2.4 心血管保护作用

黄酮类化合物可通过控制氧化应激(防止低密度脂蛋白的氧化)、炎症以及诱导血管舒张、调节内皮细胞凋亡过程来充当心脏保护剂。黄酮类化合物可与脂质代谢相互作用,减少血小板聚集,预防多种心血管疾病。研究表明,槲皮素、柚皮素和橙皮素具有血管扩张作用,柚皮素可降低血压和松弛血管平滑肌。异黄酮可以预防炎症性血管疾病,槲皮素具有保护心脏免受损伤的特性,同时能减轻与氧化应激相关的动脉粥样硬化的风险。花青素可降低人类心肌梗死的风险,改善收缩压,降低甘油三酯、总胆固醇以及低密度脂蛋白胆固醇的水平。

4.2.2.5 抗菌

黄酮类化合物可对细菌发挥多种作用机制。它们可以通过诱导细胞膜破坏干扰脂质双层,并抑制生物膜形成、细胞膜合成、微生物代谢、核酸合成、电子传递链和 ATP 合成等多种过程。黄酮类化合物具有多种抗真菌机制,如破坏细胞质膜、诱导线粒体功能障碍以及抑制细胞壁形成、细胞分裂以及 RNA 和蛋白质合成。芹菜素和黄芩素可通过控制自由基种类、减少脂质过氧化和避免膜破坏来发挥抗真菌作用。异黄酮,如光甘草定,可以抑制真菌细胞壁、$\beta-$葡聚糖和几丁质主要成分的合成。槲皮素可以调节多种线粒体功能,如抑制氧化磷酸化过程和减少自由基的产生。芹菜素能够干扰细胞周期,而杨梅素、山奈酚、槲皮素、木犀草素、柚皮素和染料木黄酮则能够抑制 DNA、RNA 的功能。

4.2.2.6 抗病毒

黄酮类化合物可以阻断病毒结合并渗透到细胞中,干扰病毒复制或翻译,并阻止病毒的释放。例如,芹菜素通过抑制病毒蛋白合成,对几种 DNA 和 RNA 病毒、Ⅰ型和Ⅱ型单纯疱疹病毒、丙型和乙型肝炎病毒以及非洲猪瘟病毒具有活性。黄芩素能够抑制人类禽流感病毒的复制,木犀草素可对 HIV-1 的再激活产生抗病毒作用。山奈酚可以抑制靶细胞中的 HIV 复制,并通过阻断病毒附着和进入宿主细胞,抵抗 I 型和 II 型单纯疱疹病毒。已有研究证明槲皮素、山奈酚和表没食子儿茶素没食子酸酯对流感病毒株具有抗病毒活性。

4.2.3 黄酮类化合物的制备工艺

4.2.3.1 黄酮类化合物的提取方法

（1）溶剂提取法

溶剂提取法包括热水提取法、醇提法和碱性水或碱性烯醇提取法。热水提取法只适合黄酮苷类的提取,提取过程中加水量、浸泡时间、煎煮时间与煎煮次数对提取率的影响很大,但成本低廉,安全性好,适于大规模工业化生产。

醇提法与醇浓度密切相关,高浓度（90% ～ 95%）适合提取黄酮苷元,60% 以上乙醇适合提取黄酮苷类。

因为黄酮类化合物多数含有酚羟基,所以可以采用碱水 [如 Na_2CO_3 溶液、NaOH 溶液、$Ca_2(OH)_2$ 溶液] 和碱性烯醇（如 50% 乙醇）对黄酮类物质进行浸提,得到黄酮类化合物。稀氢氧化钠在水溶液中的浸出率高,但其中的杂质含量高。石灰水 [$Ca(OH)_2$ 溶液] 的优势在于能将鞣质、果胶、黏液质等含多羟基的鞣质形成钙盐沉淀,以利于浸出液的提纯。

（2）微波提取法

利用微波技术对植物细胞进行高效、安全、低能耗的提取。实验结果表明,采用微波加热方法,不仅能提高产物得率,还能大幅度地缩短提取时间,产物中的杂质含量也显著低于中药煎煮法。微波加热技术为中药精制及天然保健品的研制与生产提供了新的思路与方法。目前国内对此项技术的研究基本处于实验室阶段,还没有大规模的工业化应用。

4.2.3.2 黄酮类成分的分离方法

薄层色谱（Thin Layer Chromatography）是一种集二者优势于一体的针对少量物质快速分离、定性分析的重要实验技术，可处理少量物质（1μg、0.01μg），同时节省原料并提高吸附层的效率。在制作薄层板的同时，也可以对样品进行精制。对于耐热性能不好或不易挥发的化合物，通常采用比移值 R_f 来表明组分的位移值和极性的性质。R_f 计算方法是不同组分的位移值与利用的溶剂前沿位移值的比值。

层析分离法是目前应用最为广泛的一种分离方法，其基本原理是基于目标活性物质的分子结构大小、溶解度与极性等。

4.2.3.3 鱼腥草中黄酮类成分的提取分离

鱼腥草中的黄酮类化合物包括芦丁、金丝桃苷、槲皮素、槲皮苷等具有药理作用的活性成分。

（1）提取技术

鱼腥草中的黄酮类成分多为糖苷类，其苷元具有亲脂性，配基具有亲水性，故可采用甲醇、乙醇等有机溶剂和热水相结合的方法进行提取。目前，国内外对黄酮类成分的提取研究主要采用回流提取、热浸提等传统提取技术。随着设备的不断升级，超声提取、超临界流体提取等新型提取方法也得到了广泛的关注。其中，有机溶剂提取是目前最常见的一种提取方法。乙醇、甲醇、乙酸乙酯、乙醚、丙酮等用作溶剂。

（2）提取工艺

①超声波强化溶剂提取法。称量 20g 原料，加入 500mL70% 乙醇，在 45℃、超声功率 200W、超声处理 55min 后，滤出滤液，待用。

②乙醇浸泡后超声波强化溶剂提取。将 20g 原料加入 70%100mL 的乙醇浸提液中 24h，然后用超声波强化溶剂提取法进行提取。

③热乙醇回流提取法。称取 20g 原料，700mL70% 乙醇于 70℃下分 3 次回流提取，每次 2h，过滤，合并滤液，定容备用。

④热水提取法。称取 20g 原料，加入 800mL 水，于 90℃下分 3 次回流提取，每次 45min，过滤，合并滤液，定容备用。

4.2.3.4 荞麦中黄酮类化合物的提取分离

荞麦（Fagopyrum Esculentum Moench）是一年生草本植物，属于药食同源的食物，通常分为普通荞麦（甜荞）和鞑靼荞麦（苦荞）。荞麦粉在加工过程中的副产物荞麦麸皮，因其口感较差，且不易被人体消化吸收，常被用作饲料或直接丢弃，致其浪费且污染环境，但其含有黄酮类化合物、膳食纤维等多种活性成分，极具开发价值。

（1）荞麦麸皮黄酮类化合物的提取

将苦荞麸皮粉碎，过 60 目筛，保存备用。称取一定量的苦荞麸皮粉末溶于一定的乙醇溶液中，设定功率、温度和时间进行超声，离心（20min，5000r/min）后将上清液旋转蒸发，除去乙醇和水，置于 -80℃冰箱，冷冻干燥得到荞麦麸皮黄酮类化合物粗提物，置于干燥器内保存备用。

（2）荞麦麸皮黄酮类化合物的纯化

吸附：准确称取预处理后的大孔树脂 D101（经过 24h 无水乙醇和6h 4% 氢氧化钠浸泡）2g，荞麦麸皮黄酮类化合物 0.375g 于锥形瓶中，加入 100 mL 超纯水，置于摇床上室温振荡吸附 24h。

解吸：荞麦麸皮黄酮类化合物吸附于树脂内后，将水过滤，加入100mL 70% 乙醇，相同条件下解吸。解吸完成后，除去树脂。将滤液旋转蒸发，置于 -80℃冰箱，冷冻干燥得到荞麦麸皮黄酮类化合物纯化物。

4.2.4 黄酮类化合物在食品中的应用

黄酮类化合物是一种具有广泛生物活性的天然化合物，具有抗氧化、抗炎、抗肿瘤等多种生物功能，因此在食品中的应用越来越广泛。在食品中，黄酮类化合物可以作为自由基清除剂，有效地清除自由基，保护食品中的营养成分不被氧化破坏，从而延长食品的保质期，提高食品的品质。

黄酮类化合物在食品中的应用主要包括以下几个方面。

（1）作为天然抗氧化剂

黄酮类化合物具有很强的抗氧化作用，可以清除食品中的自由基，防止食品中的营养成分被氧化破坏。在食品加工过程中，食品中的自由基会不断产生,如果不能及时清除,就会导致食品的品质下降。因此,在食品中添加黄酮类化合物可以有效地防止食品氧化,延长食品的保质期。

(2)提高食品营养价值

黄酮类化合物不仅可以抗氧化,还具有多种生物活性,如抗炎、抗肿瘤等。因此,在食品中添加黄酮类化合物不仅可以提高食品的保质期,还可以提高食品的营养价值。例如,在水果中添加黄酮类化合物可以提高水果的抗氧化能力,从而增强其营养价值。

(3)改善食品口感

黄酮类化合物不仅可以抗氧化,还可以改善食品的口感。例如,在烘焙食品中添加黄酮类化合物可以改善食品的色泽和口感,使其更加美味可口。

(4)作为天然色素

黄酮类化合物作为天然色素,可以用于食品和饮料的着色,这些色素不仅安全无害,而且具有天然的色泽和风味。

由于其安全、天然、有效的特点,黄酮类化合物在食品中的应用前景广阔,有望成为食品工业中的重要添加剂。

4.3　超氧化物歧化酶的制备及应用

4.3.1 超氧化物歧化酶的性质

超氧化物歧化酶(Superoxide Dismutase, SOD)是一种重要的生物抗氧化酶,广泛存在于生物体内,如植物、动物和微生物等。它在生物体内起着至关重要的作用,可以清除自由基、保护细胞免受氧化损伤,从而维持生物体正常的生理功能。

超氧化物歧化酶的性质主要包括以下几个方面。

4.3.1.1 结构特点

SOD 的化学结构与组成具有多样性，主要取决于其金属辅因子的类型。根据金属辅因子的不同，SOD 可分为多种类型，如：

（1）铁超氧化物歧化酶（Fe-SOD）：含有铁和硫的辅因子，主要存在于原核生物和植物中。

（2）锰超氧化物歧化酶（Mn-SOD）：含有锰离子，广泛分布于生物界，包括原核生物和真核生物。

（3）铜锌超氧化物歧化酶（Cu/Zn-SOD）：含有铜和锌离子，主要存在于真核生物中。

（4）镍超氧化物歧化酶（Ni-SOD）：含有镍离子，主要存在于某些原核生物中。

SOD 的结构具有多样性，但其核心结构通常为金属离子与蛋白质结合形成的活性中心，该活性中心能够催化超氧自由基的歧化反应。此外，SOD 的结构还受到蛋白质序列、二级结构、三级结构和四级结构的影响。

不同类型的 SOD 在结构上可能存在差异，但它们都具有共同的特征：能够与金属离子结合，形成具有催化活性的中心；能够与超氧自由基结合，催化其歧化反应。这些特性使得 SOD 在生物体内发挥着重要的抗氧化作用。

4.3.1.2 催化反应

超氧化物歧化酶（SOD）是一种重要的抗氧化酶，其主要作用是催化超氧化物自由基（O_2^-）转化为氧气（O_2）和过氧化氢（H_2O_2）。SOD 的催化反应机理涉及金属离子的氧化态和还原态之间的交替电子得失。

$$2O_2^- + 2H^+ \xrightarrow{\text{SOD酶}} O_2 + H_2O_2$$

4.3.1.3 活性与稳定性

超氧化物歧化酶的活性受到多种因素的影响，如温度、pH 值、离子浓度等。在适宜的条件下，SOD 具有较高的催化活性。然而，当环境条件发生变化时，SOD 的活性可能受到影响，导致其功能下降。

超氧化物歧化酶广泛存在于各种生物体内，包括动物、植物和微生物等。在不同生物体内，SOD 的表达水平和种类可能存在差异。例如，在哺乳动物体内，SOD 主要有 Cu-Zn-SOD、Mn-SOD 和 Catalase 三种类型。

4.3.2 超氧化物歧化酶的生理功能

SOD 的生理功能主要表现在抗氧化、抗炎、抗凋亡等方面，对于维持生物体内氧化还原平衡、保护细胞免受自由基损伤具有重要意义。

4.3.2.1 抗氧化

自由基是生物体内的一种高度活性分子，它们在代谢过程中产生，具有高度反应性，会对细胞造成严重损伤。SOD 能够将自由基中的氧原子与还原型谷胱甘肽（GSH）结合，形成稳定的水合基团，从而使自由基失去活性，保护细胞免受氧化损伤。此外，SOD 还可以将其他类型的自由基转化为无害的物质，如过氧化氢、羟基自由基等。

4.3.2.2 抗炎

炎症是生物体对外部刺激的一种非特异性反应，如病原微生物感染、组织损伤等。SOD 可以通过清除自由基、抑制炎症因子的产生等方式，抑制炎症反应，减轻炎症对细胞的损伤。此外，SOD 还能促进炎症细胞凋亡，降低炎症反应的持续性。

4.3.2.3 抗凋亡

细胞凋亡是生物体内细胞自动结束生命的过程，如细胞在受到损伤或感染时，会启动凋亡机制，以避免继续受到损害。SOD 可以通过抗氧化、修复细胞膜等方式，抑制细胞凋亡，保护细胞免于死亡。

4.3.2.4 提高免疫力,促进细胞生长和修复

SOD 通过清除自由基,减少氧化应激,从而保护免疫细胞免受损伤,提高免疫系统的功能。此外,SOD 还能调节免疫细胞的活性,增强机体对病原体的抵抗力。

SOD 可以保护细胞免受氧化损伤,维持细胞的正常生长和分裂。同时,SOD 还能促进受损细胞的修复,加速伤口愈合和组织再生。

4.3.3 超氧化物歧化酶的制备工艺

仙人掌中 SOD 的提取步骤为:

将 200g 仙人掌用蒸馏水洗净后,切成 3cm × 2cm 的块状,随后加入 18mL pH 值为 7.8 的 0.05mol/L 的磷酸缓冲液中。匀浆、过滤,滤液在 4℃ 下,以 8000r/min 离心 10min。收集上清液 460mL,加入 960mL 冷丙酮,放入 4℃ 冰箱中过夜。收集沉淀,加入 95mL 磷酸缓冲液溶解,总体积 108mL。离心除去不溶物质,收集上清液 100mL。

仙人掌 SOD 的提取工艺流程如图 4-2 所示。

```
                          冷丙酮
仙人掌→洗净切块→捣碎匀浆→过滤→收集沉淀→测蛋
白质浓度、酶活→盐溶→冷冻离心→收集上清液→测蛋
        硫酸铵
白质浓度、酶活→盐析→冷冻离心→收集沉淀→缓冲液
        硫酸铵
溶解→测蛋白质浓度、酶活→透析→测蛋白质浓度、
酶活→凝胶层析→收集有活性的洗脱液→反渗透→
部分纯化的SOD酶液
```

图 4-2　仙人掌 SOD 的提取工艺流程

4.3.4 超氧化物歧化酶在食品中的应用

在食品工业中,SOD 具有多种应用价值,如下所述。

(1)抗氧化剂

在食品加工过程中,添加 SOD 可以延长产品的保质期,提高产品的品质。例如,在油脂、肉类等易氧化的食品中添加 SOD,可以防止产品

褪色、变质,提高产品的货架期。

（2）防腐剂

SOD具有抗菌、杀菌作用,可以抑制食品中的微生物生长,延长产品的保质期。例如,在糕点、乳制品等食品中添加SOD,可以延长产品的货架期,提高产品的保质品质。

（3）改善色泽

SOD具有抗氧化作用,可以防止食品中的色素被氧化而褪色。例如,在肉类、果蔬等食品中添加SOD,可以使食品的色泽保持鲜艳,提高产品的感官品质。

（4）增强风味

SOD可以催化某些风味物质的氧化反应,从而改善食品的风味。例如,在酒类、饮料等食品中添加SOD,可以增强产品的风味,提升产品的口感。

（5）保健功能

在功能性食品中添加SOD,可以满足消费者对健康的需求。

①抗衰老产品。在功能性食品中添加SOD可以开发出抗衰老产品,可以帮助清除体内的自由基,减缓衰老过程,提高人体免疫力。

②调节血脂、血糖和血压的产品。SOD可以作为功能性食品的成分,用于调节血脂、血糖和血压,帮助患有高血脂、高血糖和高血压的消费者维持正常的生理功能。

③抗突变和抑制肿瘤的产品。SOD具有抗突变和抑制肿瘤的作用,因此可以开发出具有这些功能的功能性食品,帮助消费者降低患癌症的风险。

④抗疲劳产品。SOD具有抗疲劳的作用,可以用于开发抗疲劳功能性食品,帮助消费者缓解疲劳,提高身体的耐力。

⑤其他功能性食品。SOD还可用于开发其他具有特定功能的功能性食品,如增强免疫力、保护肝脏、改善记忆力等。

4.4　茶多酚的制备及应用

4.4.1 茶多酚的种类与来源

茶多酚是茶叶中酚类及其衍生物的总称,包括儿茶素类、黄酮类、花青素和酚酸四类物质。茶多酚是茶叶色香味的主要成分之一,也是茶叶具有保健功能的主要成分之一。

儿茶素类是茶多酚的主要成分,约占茶多酚总量的 80%。儿茶素类包括表儿茶素、儿茶素、表没食子素和没食子素等。这些化合物具有较强的抗氧化作用,能消除有害自由基,抗衰老,抗辐射,抑制癌细胞,抗菌和杀菌等作用。

黄酮类是茶多酚的另一类重要成分,主要包括黄酮醇、黄酮苷、黄酮醇苷等。

花青素是茶多酚中的另一类化合物,主要包括花青素、花青素苷和花青素醇等。

酚酸是茶多酚中的另一类化合物,主要包括咖啡酸、香豆酸、阿魏酸和芥子酸等。

茶叶是茶多酚的主要来源。不同种类的茶叶中茶多酚的含量和组成有所差异。一般来说,绿茶中的茶多酚含量较高,其次是白茶、黄茶、青茶和红茶。此外,一些草本植物、水果和蔬菜中也含有一定量的茶多酚。

4.4.2 茶多酚的生理功能

4.4.2.1 抗菌

茶多酚具有广谱的抗菌活性,对革兰氏阴性杆菌、普通变性杆菌、金黄色葡萄球菌和肠道致病菌均有抑制作用。

茶多酚的抗菌活性主要表现在其对革兰氏阴性杆菌、普通变性杆菌、金黄色葡萄球菌和肠道致病菌的抑制作用。其中,革兰氏阴性杆菌是一类常见的致病菌,包括大肠杆菌、鲍曼不动杆菌等,这些细菌可以引起多种感染性疾病,如腹泻、尿路感染等。普通变性杆菌则包括铜绿假单胞菌、肺炎克雷伯菌等,这些细菌可以引起医院感染、呼吸系统感染等。金黄色葡萄球菌是一种常见的皮肤和软组织感染病原菌,可以引起疖、痈、败血症等疾病。肠道致病菌则主要包括沙门氏菌、大肠杆菌等,这些细菌可以引起食物中毒、腹泻等疾病。

茶多酚的抗菌作用机制尚未完全清楚,但研究表明,茶多酚可能通过多种途径发挥抗菌作用,如直接杀灭细菌、抑制细菌生长、干扰细菌的生物合成等。

然而,茶多酚的抗菌活性也受到一些因素的影响,如浓度、作用时间、细菌种类、宿主免疫状态等。因此,在实际应用中,需要根据具体情况选择合适的茶多酚浓度和作用时间,并考虑宿主免疫状态等因素,以达到最佳的抗菌效果。

4.4.2.2 抗炎

炎症是机体对外部有害刺激的一种防御机制,这种机制在宿主抵抗病原微生物、肿瘤细胞和其他异物入侵时起着重要作用。茶多酚作为一种天然的生物活性物质,已经被广泛地研究和应用,其抗炎活性在许多疾病中具有预防和治疗作用。

茶多酚可以抑制促炎因子的表达,如肿瘤坏死因子(TNF)和白介素(IL)等。这些因子在炎症反应中起着关键的作用,抑制它们的表达可以降低炎症反应的强度。

茶多酚可以通过调节信号通路的转导,影响炎症反应的调控。例如,茶多酚可以抑制核因子-κB(NF-κB)的转位和激活,从而降低炎症反应。

茶多酚具有一定的抗菌作用,可以抑制细菌和真菌的生长,从而降低炎症反应的发生。

4.4.2.3 抗氧化

抗氧化活性是评价茶多酚的重要指标,也是茶多酚作为天然抗氧化剂的主要特点。茶多酚的抗氧化活性主要表现在清除自由基、螯合金属离子、增强抗氧化酶活性和调节细胞信号通路等方面。

(1)茶多酚具有清除自由基的作用。茶多酚作为一种具有抗氧化活性的化合物,能够有效地清除自由基,从而保护细胞免受自由基的损伤。茶多酚的抗氧化活性主要来源于其含有的儿茶素和表儿茶素等抗氧化成分。这些成分能够与自由基发生化学反应,从而中断自由基的链式反应,降低自由基的浓度。

(2)茶多酚具有螯合金属离子的作用。金属离子在生物体内具有重要作用,例如催化酶活性、维持细胞内外的离子平衡等。然而,金属离子在生物体内过量积累也会产生氧化应激,导致细胞损伤。茶多酚作为一种具有螯合金属离子活性的化合物,能够与金属离子发生特异性结合,从而降低金属离子的氧化应激。茶多酚的螯合金属离子活性主要来源于其含有的酚羟基和酚氨基等结构。这些结构能够与金属离子形成稳定的络合物,从而降低金属离子的活性。

(3)茶多酚还具有增强抗氧化酶活性的作用。抗氧化酶是生物体内一种重要的抗氧化分子,例如超氧化物歧化酶(SOD)、谷胱甘肽过氧化物酶(GPx)等。抗氧化酶能够清除自由基、修复脂质过氧化等。茶多酚作为一种具有抗氧化活性的化合物,能够增强抗氧化酶的活性,从而提高生物体的抗氧化能力。茶多酚的增强抗氧化酶活性主要来源于其含有的酚羟基和酚氨基等结构。这些结构能够与抗氧化酶发生特异性结合,从而提高抗氧化酶的活性。

(4)茶多酚具有调节细胞信号通路的作用。茶多酚作为一种具有抗氧化活性的化合物,能够通过调节细胞信号通路,影响生物体的抗氧化能力。茶多酚的调节细胞信号通路作用主要来源于其含有的酚羟基和酚氨基等结构。这些结构能够与细胞内受体和信号转导分子发生特异性结合,从而影响细胞信号通路的活化。

4.4.2.4 抗肿瘤

近年来,茶多酚在癌症防治中的应用引起了广泛关注。大量研究表明,茶多酚及其单体可通过多种途径抑制癌症的发生和发展,具有抗肿瘤作用。

（1）茶多酚及其单体可通过诱导细胞凋亡和细胞周期停滞来发挥抗肿瘤作用。在细胞凋亡过程中,细胞会经历一系列信号传导途径,最终导致细胞死亡。茶多酚及其单体可通过激活凋亡相关基因,如 Bcl-2、Bax、Caspase 等,促进细胞凋亡,从而抑制肿瘤细胞的生长。此外,茶多酚及其单体还能通过阻断细胞周期,使细胞停留在 G1/G0 期,从而抑制肿瘤细胞的增殖。

（2）茶多酚及其单体可通过阻断信号转导来发挥抗肿瘤作用。在肿瘤发生发展过程中,信号转导途径的异常激活往往起到关键作用。茶多酚及其单体可通过抑制肿瘤相关信号转导通路,如 Ras、MAPK、PI3K/Akt 等,来抑制肿瘤细胞的生长。

（3）茶多酚及其单体还具有抗肿瘤细胞生长、转移和侵袭的作用。茶多酚及其单体可通过影响肿瘤细胞的生长因子受体、细胞黏附分子等,抑制肿瘤细胞的生长和侵袭。同时,茶多酚及其单体还能通过调节肿瘤细胞的基因表达,如诱导凋亡相关基因、抑制增殖相关基因等,从而影响肿瘤细胞的生长和转移。

（4）茶多酚及其单体还具有抗血管生成的作用。在肿瘤生长过程中,肿瘤新生血管的形成往往起到了关键作用。茶多酚及其单体可通过抑制肿瘤新生血管的形成,如抑制血管内皮细胞的迁移和增殖、抑制血管生成相关因子的表达等,从而抑制肿瘤的生长和扩散。

4.4.2.5 保护肠道

肠道菌群在动物机体中起着至关重要的作用,其生理功能包括消化、代谢和维生素合成等。肠道菌群的调节对于维持肠道健康至关重要。茶多酚作为一种天然的生物活性物质,在肠道菌群调节中具有显著的作用。

（1）茶多酚为肠道微生物提供代谢底物,促进肠道有益菌群的生长和繁殖。在肠道中,茶多酚能够抑制有害细菌的生长,降低肠道炎症,从而促进有益菌群的生长和繁殖。同时,茶多酚还能够刺激肠道蠕动,促进肠道内营养物质的消化和吸收,提高肠道对营养物质的吸收效率。

（2）茶多酚的抗菌活性使它们能够抑制有害肠道细菌的生长,并降低致病菌的毒性。茶多酚具有广谱的抗菌作用,能够抑制多种肠道病原菌的生长,如大肠杆菌、沙门氏菌、金黄色葡萄球菌等。此外,茶多酚还能够降低致病菌的毒性,减少肠道病原菌对人体健康的威胁。

（3）茶多酚还能够调节肠道菌群的多样性。肠道菌群的多样性是维持肠道健康的重要因素。茶多酚通过影响肠道菌群的组成和数量,调节肠道菌群的多样性。茶多酚能够增加肠道中有益菌的比例,如乳酸菌、双歧杆菌等,从而改善肠道菌群结构,提高肠道健康水平。

4.4.2.6 保护心血管系统

茶多酚作为一种天然的生物活性物质,在心血管健康领域具有重要价值。

（1）茶多酚具有抑制动脉粥样硬化的作用。动脉粥样硬化是心血管疾病的危险因素之一,其特点是血管壁内脂质沉积和纤维化。茶多酚通过增加高密度脂蛋白水平（HDL-C）和减少巨噬细胞中低密度脂蛋白（LDL-C）的积聚,从而减缓动脉粥样硬化的进展。有研究发现,茶多酚可通过抗氧化、抗炎、抗血小板聚集等多种途径实现其对动脉粥样硬化的抑制作用。

（2）茶多酚在调节脂质代谢方面具有重要价值。血脂异常是心血管疾病的常见原因,包括总胆固醇（TC）、甘油三酯（TG）、低密度脂蛋白胆固醇（LDL-C）和高密度脂蛋白胆固醇（HDL-C）等指标的异常。茶多酚可降低血脂异常,改善脂质代谢。研究表明,茶多酚可通过抗氧化、抗炎、影响脂质代谢相关基因表达等方式调节脂质代谢,从而降低心血管疾病的风险。

（3）茶多酚具有降血压的作用。高血压是心血管疾病的主要危险因素,对心血管系统具有不良影响。绿茶渣蛋白水解物对与高血压密切相关的血管紧张素转换酶（ACE）有体外抑制作用。绿茶多酚可以通过改善动脉压力感受器功能,从而改善心血管功能。这一作用可能是由于绿茶具有抗氧化活性,能够减少氧化应激,从而保护心血管系统。

4.4.3 茶多酚的制备工艺

4.4.3.1 超临界 CO_2 萃取茶多酚

超临界 CO_2 萃取茶多酚的原理主要基于超临界流体的特性及其对物质的溶解能力。超临界流体是指在特定压力和温度条件下,处于气液两相共存区的物质,其具有气体和液体的双重特性。当 CO_2 处于超临界状态时,它具有以下特点:

(1)溶解能力。超临界 CO_2 具有较强的溶解能力,能溶解许多有机化合物和天然产物。在适当的温度和压力下,它可以溶解茶叶中的茶多酚。

(2)流动性。超临界 CO_2 具有良好的流动性,能迅速渗透到固体物质的微小孔隙中,与茶叶中的茶多酚充分接触,提高萃取效率。

(3)选择性。通过调节超临界 CO_2 的温度和压力,可以改变其对不同物质的溶解能力,从而实现对茶叶中茶多酚的高效提取。

以干茶叶为原料,利用超临界 CO_2 萃取茶多酚的工艺流程为:

干茶叶→放入萃取釜→加热至所需温度→打开进气阀→启动高压泵→调节压力至所需值→静态萃取→动态萃取同时收集萃取物→取下收集瓶→旋松高压泵→关闭气体阀门→开放气阀→取下萃取釜→关闭机器。

4.4.3.2 超声波辅助提取茶多酚

超声波提取是利用超声波具有的空化效应、机械效应以及热效应,促进物质分子的热运动,增强溶剂的穿透能力,从而提取有效成分的方法。此方法具有操作简便、溶剂用量少、萃取时间短、萃取温度低、收率高等优点,成为实验室供试样处理的主要手段,但工业放大有一定的困难。

利用超声波辅助提取玄米茶多酚:使用多功能粉碎机将玄米茶粉碎,取 0.5mg 玄米茶粉末,按照不同的乙醇体积分数、料液比、超声时间和超声功率处理后,吸取 1mL 浸提液并加入 0.25mL 福林酚试剂,振荡均匀,放置 3min。向样品中加入 2mL 15% Na_2CO_3 溶液,静置 30min,按

3500r/min 离心 3min,使用紫外分光光度计在波长 760nm 处测定样品吸光度。

4.4.4 茶多酚在食品中的应用

茶多酚作为一种天然的抗氧化剂,具有多种生物活性和保健功能。在食品工业中,茶多酚的应用主要体现在以下几个方面。

（1）抗氧化

茶多酚具有较强的抗氧化作用,可以应用于油脂、肉类等易氧化食品,防止食品褐色、变质,提高产品的稳定性。

（2）改善食品品质

①改善色泽。茶多酚具有抗氧化作用,可以防止食品中的色素被氧化而褐色。例如,在肉类、果蔬等食品中添加茶多酚,可以保持产品的鲜艳色泽,提高产品的感官品质。

②增强风味。茶多酚本身具有一定的香气和滋味,可以用于改善食品的风味。例如,在糕点、饮料等食品中添加茶多酚,可以增加产品的独特香气和口感,提高产品的风味品质。

③改善口感。茶多酚可以应用于面点、饼干等烘焙食品中,改善产品的口感。添加适量的茶多酚可以使产品的质地更加松软,提高产品的口感品质。

（3）功能性食品

①抗氧化功能性食品。茶多酚是一种强效的天然抗氧化剂,可以清除体内自由基,减轻氧化应激对身体的损害。在功能性食品中添加茶多酚,可以帮助消费者摄取到这种有益成分,提高抗氧化能力。例如,将茶多酚与维生素 C、维生素 E 等抗氧化剂复配,可以开发具有抗衰老、抗疲劳等功能的保健食品。

②降血脂功能性食品。茶多酚具有降血脂的作用,可以帮助调节血脂水平,预防心血管疾病。对于高血脂人群,摄入含有茶多酚的功能性食品可以起到一定的保健作用。

③抗炎功能性食品。茶多酚具有抗炎作用,可以帮助减轻身体的炎症反应。在炎症性疾病如关节炎、肠炎等患者中,摄入含有茶多酚的功能性食品可有助于缓解炎症症状。例如,将茶多酚与鱼油、亚麻籽油等富含 $\omega-3$ 脂肪酸的成分复配,可以开发具有抗炎功能的保健食品。

④抗肿瘤功能性食品。茶多酚具有一定的抗肿瘤作用,可以抑制肿瘤细胞的生长和扩散。在肿瘤防治方面,摄入含有茶多酚的功能性食品可有助于降低肿瘤发生的风险。例如,将茶多酚与番茄红素、姜黄素等具有抗肿瘤作用的成分复配,可以开发具有抗肿瘤功能的保健食品。

⑤改善睡眠功能性食品。茶多酚具有一定的镇静作用,可以帮助提高睡眠质量。对于失眠、焦虑等人群,摄入含有茶多酚的功能性食品可有助于改善睡眠状况。

第5章 功能性色素的制备及应用

近年来研究发现，一些人工化学合成色素可能对人体有害，如致癌和致突变。因此，人们对天然色素的重视程度逐渐提高。为了满足市场需求，色素工业正致力于开发具有营养价值和药理作用的新型天然色素。这些功能性天然色素不仅可以提供食品的色香味，还可以具有一定的保健作用，为人们的健康带来更多益处。因此，色素工业的发展需要不断创新和进步，以满足人们对食品健康的日益增长的需求。

5.1　番茄红素的制备及应用

5.1.1 番茄红素的生理功能

番茄红素在人体健康方面具有重要作用，对番茄红素的进一步研究和开发将有助于更好地了解其在预防和治疗各种疾病方面的潜力，并为功能性食品和营养补充剂的开发提供新的思路。

5.1.1.1 具有高效猝灭单线态氧和清除自由基的作用

番茄红素是一种具有多种生物活性的天然色素，对人类健康具有重要的作用。因此，在食品工业和健康产业中，对番茄红素的深入研究和技术开发将有助于推动功能性食品和营养补充剂的创新发展，为人们的健康提供更多有益的产品。

（1）番茄红素具有显著的抗炎作用。研究表明，番茄红素可以抑制炎症反应中的关键酶,从而减轻炎症反应,有助于预防和治疗各种炎症性疾病,如关节炎、胃炎等。

(2)番茄红素还具有调节免疫功能的作用。它能够增强免疫细胞的活性,提高机体的免疫力,有助于预防感染和癌症等疾病的发生。

(3)番茄红素还对心血管健康有益。研究表明,番茄红素能够降低胆固醇、预防动脉粥样硬化和冠心病等疾病的发生。

5.1.1.2 具有保护心血管的作用

番茄红素是一种抗氧化剂,具有清除自由基、保护细胞和组织免受氧化应激的作用。它主要来源于番茄及其制品,以及其他含有番茄红素的水果和蔬菜。研究表明,番茄红素对心血管具有保护作用。其作用机制主要包括抑制低密度脂蛋白(Low Density Lipoprotein,LDL)氧化、降低血压、抑制血小板聚集和改善血管内皮功能等。这些作用有助于减少动脉粥样硬化和血栓形成的风险,从而降低心血管疾病的发生率。

番茄红素在预防心血管疾病方面的作用,得到了越来越多研究的支持。一些研究人员指出,番茄红素能够保护低密度脂蛋白免受氧化破坏,从而有助于预防心血管疾病的发生。

荷兰学者的研究表明,在动脉粥样硬化的发生和发展过程中,血管内膜中的脂蛋白氧化是一个关键因素。而番茄红素等类胡萝卜素的存在,可以有效地降低脂蛋白的氧化程度,从而有助于防治高胆固醇或高脂血症,减缓心血管疾病的发展。[①]

此外,番茄红素还具有抗炎和调节免疫的作用,这些功能也可能间接地预防心血管疾病的发生。通过抑制炎症反应和增强免疫细胞的活性,番茄红素可以帮助维护心血管系统的健康。

5.1.1.3 具有防癌作用

番茄红素作为一种天然色素和抗氧化剂,具有多种生物活性,对人类健康具有重要的作用。通过深入研究番茄红素的抗癌机制和作用机

---

① 冀智勇,吴荣书,刘智梅.番茄红素的保健作用及生产工艺的研究进展[J].中国调味品,2005(10):4-8+29.

理,可以更好地了解其在预防和治疗癌症方面的潜力,并为开发新的抗癌药物和功能性食品提供更多的思路。

除了前列腺癌,番茄红素还被认为对其他癌症和慢性病具有预防作用。番茄红素的强大抗氧化性能使其成为一种有效的防癌物质。它能够猝灭单线态氧和清除自由基,防止这些有害物质对细胞造成氧化损伤。当细胞受到氧化应激时,它们容易发生突变,进而发展为癌细胞。因此,番茄红素可以有效地预防细胞损伤和突变,降低癌症的发生风险。番茄红素还具有抑制癌细胞增殖的作用。研究发现在体外培养的癌细胞中,番茄红素能够抑制神经胶质瘤细胞和白血病细胞的增殖。这意味着番茄红素可以通过抑制癌细胞的生长来发挥抗癌作用。

此外,番茄红素还具有抗炎作用,可以减轻慢性炎症对身体的损害。慢性炎症与许多癌症和其他慢性疾病的发生和发展有关。通过抑制炎症反应,番茄红素有助于预防这些疾病的发生。免疫系统是身体自然防御机制的重要组成部分,能够帮助识别和清除异常细胞,如癌细胞。通过增强免疫细胞的活性,番茄红素可以促进免疫系统的正常功能,提高身体对癌症的抵抗力。

5.1.1.4 具有增强免疫的作用

近年来,随着研究的深入,番茄红素和 $\beta-$ 胡萝卜素等抗氧化剂在防病治病中的重要作用越来越受到关注。这些物质被认为是预防癌症、心血管疾病等多种慢性病的重要功能因子。

番茄红素和 $\beta-$ 胡萝卜素在人体内具有相似的分布特点,广泛存在于各个器官和组织中,尤其是肝脏、肾上腺、睾丸、卵巢等关键部位。这些抗氧化剂在体内的作用机制十分复杂,涉及多个层面的相互作用。

(1)番茄红素和 $\beta-$ 胡萝卜素具有强大的抗氧化性能,可以猝灭单线态氧和清除自由基,防止这些有害物质对细胞造成氧化损伤。细胞受到氧化应激时容易发生突变,进而发展为癌细胞。因此,这些抗氧化剂可以有效地预防细胞损伤和突变,降低癌症的发生风险。

(2)番茄红素和 $\beta-$ 胡萝卜素还具有抗炎作用,可以减轻慢性炎症对身体的损害。慢性炎症与许多癌症和其他慢性疾病的发生和发展有关。通过抑制炎症反应,这些抗氧化剂有助于预防这些疾病的发生。

(3)番茄红素和 $\beta-$ 胡萝卜素还可以通过调节基因表达、影响细胞信号转导等途径发挥抗癌作用。研究表明,这些抗氧化剂可以抑制癌细胞的增殖、促进癌细胞凋亡、抑制癌细胞转移等。

虽然番茄红素和$\beta-$胡萝卜素在防病治病中的重要作用已经得到证实,但它们的具体生理功能和作用机理还需要进一步地研究。未来的研究应该深入探索这些抗氧化剂在人体内的具体作用机制,以便更好地了解其在预防和治疗癌症等方面的潜力,并为开发新的抗癌药物和功能性食品提供更多的思路。

同时,人们也可以通过调整饮食习惯来增加摄入这些有益的营养成分。建议适当多吃富含番茄红素和$\beta-$胡萝卜素的食品,如番茄、胡萝卜、南瓜、菠菜等蔬菜以及柑橘类水果。这样不仅可以提供人体所需的营养素,还有助于预防慢性病的发生。

5.1.2 番茄红素的制备

番茄红素是一种天然色素,具有许多重要的生物活性,包括抗氧化、抗炎和抗癌等作用。由于其在自然界中广泛存在,特别是在番茄中含量较高,使得番茄红素成为一种备受关注的营养素。

除了在番茄中含量丰富外,番茄红素还存在于其他水果和蔬菜中,如西瓜、胡萝卜和南瓜等。这些食物都含有不同量的番茄红素,可以为人们提供丰富的营养。

此外,番茄红素还被广泛应用于化妆品、药品和保健品等领域。由于其强大的抗氧化性能和抗炎作用,番茄红素可以帮助保护皮肤、减少皱纹和延缓衰老。同时,它还可以用于治疗某些慢性疾病,如心血管疾病和癌症等。

在提取番茄红素的方法上,传统的有机溶剂浸提法是目前应用最广泛的方法之一。这种方法可以有效地从番茄皮中提取出番茄红素,且操作简便、成本低廉。然而,这种方法也有一些缺点,例如可能会使用有毒的有机溶剂,且提取效率相对较低。

为了克服传统方法的缺点,近年来一些新的提取技术不断发展。其中,酶反应法和超临界流体萃取法是两种备受关注的方法。酶反应法利用酶的催化作用来加速番茄皮中的番茄红素释放,从而提高提取效率。超临界流体萃取法则是利用超临界流体作为萃取剂,具有高渗透性和低黏度等特点,可以有效地提取出番茄红素。

此外,利用微生物发酵来提取番茄红素也被视为一种有前途的方法。这种方法可以利用特定的微生物来发酵番茄皮或其他含番茄红素的原料,从而提取出番茄红素。与传统的有机溶剂浸提法相比,微生物发酵法具有环保、高效和低成本等优点。

5.1.2.1 直接粉碎法

直接粉碎法是一种简单、直接的方法,用于提取番茄红素并添加到食品中。通过选择新鲜、优质的原料,并进行适当的漂洗、晾干和粉碎处理,可以获得纯净、高品质的番茄皮粉末作为着色剂。然而,这种方法可能受到多种因素的影响,如原料品质、提取物含量等。因此,在实际应用中需要根据具体情况进行评估和调整。

(1)准备原料。选择新鲜的番茄,清洗干净,去除果肉部分,只留下番茄皮。这一步的目的是确保只有番茄皮被用于提取,以获得纯净的番茄红素。

(2)漂洗处理。将番茄皮进行多次漂洗,以去除多余的残留物和水分。漂洗过程可以确保提取物的纯净度,并提高后续提取的效率。

(3)晾干。将漂洗后的番茄皮晾干,以便进行下一步的粉碎处理。晾干过程有助于保持番茄皮的干燥状态,并防止在粉碎过程中出现黏稠或结块的现象。

(4)粉碎。使用适当的粉碎设备,如食品加工机或磨粉机,将晾干后的番茄皮进行粉碎。粉碎成细粉末状,以便于后续的操作。

(5)添加到食品中。将粉碎后的番茄皮粉末直接作为着色剂添加到食品中。这种方法简单快捷,不需要复杂的提取和浓缩步骤。需要注意的是,应根据食品的特性和需求,适量添加番茄皮粉末,以确保食品的口感和颜色达到理想效果。

直接粉碎法的优点在于操作简便、成本低廉,且能够直接获得番茄红素含量较高的着色剂。然而,这种方法可能会受到番茄品种、产地和季节等因素的影响,导致提取物中番茄红素的含量和品质有所差异。此外,由于没有经过浓缩或提取过程,番茄红素的含量相对较低,可能需要较多的添加量才能达到理想的着色效果。

5.1.2.2 有机溶剂提取法

有机溶剂提取法是一种常用的提取番茄红素的方法,主要是利用番茄红素在不同有机溶剂中的溶解特性来进行分离和提取。通过选择合适的有机溶剂,进行破碎、提取、过滤、浓缩、纯化、干燥和保存等步骤,可以获得高纯度的番茄红素提取物。然而,这种方法需要谨慎操作和注意安全问题,同时还需要解决有机溶剂的回收和处理问题。

(1)准备原料。选择新鲜、成熟的番茄,清洗干净,去除果肉部分,只留下番茄皮。

(2)破碎。将清洗后的番茄皮进行破碎或切碎,以便于后续的提取过程。

(3)溶剂选择。根据番茄红素的溶解特性,选择合适的有机溶剂。常用的有机溶剂包括乙醚、石油醚、己烷、丙酮、氯仿、二硫化碳和苯等。这些溶剂具有亲油性,能够有效地溶解番茄红素。

(4)提取。将破碎后的番茄皮与选择的有机溶剂混合,通常采用浸泡或搅拌的方式进行提取。提取过程中可以适当地加热,以提高溶剂的渗透能力和溶解效率。

(5)过滤与分离。提取完成后,通过过滤或离心的方式将残渣与提取液分离。过滤后的残渣可以重复提取,以提高提取效率。

(6)浓缩与纯化。提取液中包含番茄红素和其他杂质,需要进行浓缩和纯化处理。常用的纯化方法包括真空蒸发、溶剂结晶、柱层析等,根据实际需求选择合适的方法。

(7)干燥与保存。纯化后的番茄红素需要进一步干燥和保存。可以采用自然晾干、真空干燥或冷冻干燥等方法,根据实际情况选择合适的方法。干燥后的番茄红素应存放在避光、干燥、密封的环境中,以保持其稳定性。

有机溶剂提取法的优点在于可以利用番茄红素的溶解特性选择合适的溶剂,从而有效地提取和纯化番茄红素。此外,有机溶剂具有较高的溶解能力,可以获得较高浓度的番茄红素提取物。然而,这种方法需要使用大量的有机溶剂,且有些溶剂具有易燃、易爆或毒性等危险性,需要谨慎操作和储存。同时,有机溶剂的回收和处理也是需要考虑的问题。

5.1.2.3 超临界流体萃取

超临界流体萃取技术是一种利用超临界流体作为萃取剂,通过调节温度和压力来提取和分离物质的方法。由于超临界流体具有高渗透力和低黏度等特性,因此能够有效地溶解和提取目标物质。

(1)准备原料。选择新鲜、成熟的番茄,清洗干净,去除果肉部分,只留下番茄皮。微粉碎或经过酶处理(如果胶酶、纤维素酶)以提高目标成分的溶出率。

(2)装料。将处理后的原料装入萃取釜中,准备进行超临界流体萃取。

(3)升温升压。将萃取釜加热并升高压力,达到超临界流体的状态。常用的超临界流体有二氧化碳、甲烷、乙烯等,其中二氧化碳因其低毒性和良好的溶解性能而最为常用。

(4)溶质提取。在设定好的温度和压力条件下,超临界流体与原料充分接触,将目标成分从原料中溶解出来。

(5)分离。通过调节温度和压力,使超临界流体与目标成分分离。分离过程中,超临界流体可以循环使用,而目标成分则被收集起来。

(6)收集与干燥。收集提取出的番茄红素,进行进一步的纯化、干燥和保存。常用的干燥方法包括自然晾干、真空干燥和冷冻干燥等。

(7)品质检测。对提取出的番茄红素进行质量检测,确保其纯度和稳定性符合要求。

超临界流体萃取技术具有许多优点,如高选择性、高提取率、低溶剂残留等。此外,该技术还可以通过调节温度和压力等参数,实现目标成分的定向提取和分离。然而,超临界流体萃取技术也存在一些缺点,如设备成本高、操作压力较大、需要专业的操作人员等。

超临界流体萃取技术是一种非常有效的提取和分离技术,尤其适用于提取热敏性和极性成分,如番茄红素。通过调节温度和压力等参数,可以有效地溶解和提取目标成分,并获得高纯度、高质量的提取物。

这种提取方法具有高选择性、高提取率、低溶剂残留等优点,并且能够获得高质量、无异臭、不变色的番茄红素提取物。

5.1.2.4 微波辐射法

番茄红素是一种脂溶性色素，由于其脂溶性特点，传统的有机溶剂提取法需要较长时间来充分提取和溶解目标成分。

为了提高提取效率，近年来出现了微波辐射萃取技术（Microwave-Assisted Extraction，MAE）。微波辐射技术利用微波的特性，通过产生热量使目标成分受热膨胀，从而加速细胞壁的破裂，促进提取物的释放。

（1）准备原料。选择新鲜、成熟的番茄，清洗干净，去除果肉部分，只留下番茄皮。

（2）破碎。将清洗后的番茄皮进行破碎或切碎，以便于后续的提取操作。

（3）加入有机溶剂。将破碎后的番茄皮与有机溶剂混合，常用的有机溶剂包括己烷等。

（4）微波辐射处理。将混合物放入微波反应器中，进行微波辐射处理。微波辐射能够加速细胞壁的破裂，促进提取物的释放。

（5）过滤与分离。微波辐射处理后，通过过滤或离心的方式将残渣与提取液分离。过滤后的残渣可以重复提取，以提高提取效率。

（6）浓缩与纯化。提取液中包含番茄红素和其他杂质，需要进行浓缩和纯化处理。常用的纯化方法包括真空蒸发、溶剂结晶等。

（7）干燥与保存。纯化后的番茄红素需要进一步干燥和保存。可以采用自然晾干、真空干燥或冷冻干燥等方法，干燥后的番茄红素应存放在避光、干燥、密封的环境中，以保持其稳定性。

注意。在最佳工艺条件下，使用 6# 溶剂油作为提取剂，功率为 200W，萃取时间为 80s，液固比为 2∶1，进行二级提取，提取率可达到 97.56%。

5.1.2.5 化学合成法

化学合成法是一种通过化学反应人工合成番茄红素的方法。与天然提取法相比，化学合成法的优点在于可以大规模生产番茄红素，并且可以控制其纯度和质量。化学合成法的原料通常是 β-紫罗酮，这是一种相对容易获得的化工原料。通过一系列的化学反应,将 β- 紫罗酮转化为番茄红素。这些反应通常包括氧化、还原、环化、烷基化等步骤,每一步都需要精确控制反应条件和化学试剂的用量。

(1)准备原料。根据所选择的合成路径,准备所需的原料。一般来说,番茄红素的合成原料包括 β- 紫罗酮等化合物。

(2)氧化反应。将原料放入一定浓度的氧化剂溶液中,在特定的温度和压力条件下进行氧化反应,得到中间产物。

(3)还原反应。将上一步得到的中间产物加入还原剂中,在适宜的温度和压力下进行还原反应,得到更进一步的产物。

(4)环化反应。将上一步得到的产物在特定的温度和压力条件下进行环化反应,得到类胡萝卜素化合物。

(5)烷基化反应。将类胡萝卜素化合物与烷基化试剂进行反应,得到番茄红素。

(6)分离纯化。通过萃取、结晶、重结晶等手段,分离纯化出纯度较高的番茄红素。

(7)质量检测。对最终得到的番茄红素进行质量检测,确保其纯度和稳定性符合要求。

化学合成法的缺点是它需要使用大量的有机溶剂,这些溶剂在反应过程中可能会残留或混入最终产品中,影响产品的纯度和质量。此外,在化学合成法的生产过程中可能会产生有害的副产物,需要采取特殊的废弃物处理措施。

5.1.2.6 酶反应法

酶反应法是一种利用酶来分解番茄皮中的果胶和纤维素,进而提取番茄红素的方法。这种方法利用了果胶酶和纤维素酶的特性,能够将果胶和纤维素分解成小分子,从而释放出番茄红素。

(1)原料准备。选择新鲜、成熟的番茄,清洗干净,去除果肉部分,只留下番茄皮。将番茄皮渣进行破碎或切碎,以便于后续的提取过程。

(2)加碱调节 pH。将破碎后的番茄皮渣加入适量的碱,并调至 pH 为 7.5 ~ 9.0。这一步是为了激活果胶酶和纤维素酶,使其能够与果胶和纤维素发生反应。

(3)酶反应。在适宜的温度和 pH 条件下,让果胶酶和纤维素酶与果胶和纤维素发生反应,分解果胶和纤维素。这一步的目的是使番茄红素从细胞中释放出来。

（4）加热搅拌。在 45 ～ 60℃下加热搅拌一定时间(如数小时),以促进酶反应的进行和番茄红素的释放。

（5）过滤分离。过滤掉反应后的残渣,将滤液收集起来。

（6）调节 pH 值聚沉。将滤液的 pH 值调整至弱酸性(pH 4.0 ～ 4.5),使类胡萝卜素聚沉。这一步的目的是使番茄红素与其他杂质分离。

（7）沉淀与分离。静止一段时间后,吸去上清液,得到含番茄红素的沉淀。

（8）调整 pH 值与真空浓缩。调整沉淀物的 pH 值,使其处于适宜的范围。然后进行真空浓缩,去除多余的水分。

（9）保存。将浓缩后的番茄红素保存起来,可以采用加酸或食盐等方法进行保存和稳定性处理。

酶反应法的优点在于它能够温和地提取番茄红素,避免使用大量的有机溶剂,从而减少对环境的污染和对健康的危害。此外,酶反应法还可以提高提取效率,降低生产成本。然而,这种方法需要控制适宜的反应条件和酶的活性,以确保提取的纯度和产量。在实际应用中,需要根据具体的条件和要求选择合适的提取方法。

5.1.2.7 微生物发酵法

微生物发酵法是一种利用微生物(如藻类、真菌、酵母等)进行代谢和发酵来生产番茄红素的方法。这种方法具有许多优点,如条件温和、不使用有机溶剂、可大规模生产等。

（1）微生物选择。利用某些特定的微生物进行发酵可以产生番茄红素。例如,某些红色细菌和霉菌,如 Blakeslea trispora,被发现能够产生番茄红素。这些微生物在发酵过程中可以作为生产番茄红素的生物工厂。除了利用特定的微生物进行发酵外,还可以利用废弃物或副产物作为原料进行生产。例如,将烟草的废弃物添加到霉菌的发酵液中,经过一定时间的发酵,可以得到一定量的番茄红素。这种方法不仅可以降低生产成本,还可以实现废弃物的资源化利用。

（2）发酵条件。为了促进微生物生产番茄红素,需要提供适宜的发酵条件,如温度、pH、营养物质等。同时,为了防止番茄红素在发酵过程中发生环化反应,可能需要添加一些杂环氮化物如嘧啶等来抑制这种反应。

（3）提取与分离。通过适当的溶剂萃取、离心、过滤等技术,从发酵液中提取和分离出番茄红素。

（4）纯化与干燥。通过结晶、重结晶等方法进一步纯化番茄红素,然后进行干燥处理,得到纯度较高的番茄红素。

（5）质量检测。对最终得到的番茄红素进行质量检测,确保其纯度和稳定性符合要求。

微生物发酵法的优点在于可以利用废弃物或副产物作为原料进行生产,降低生产成本。此外,通过选择不同的微生物和发酵条件,可以控制番茄红素的产量和纯度。然而,这种方法需要找到适合的微生物种类和发酵条件,并进行大规模培养和发酵,因此在实际应用中需要进一步研究和优化。同时,虽然目前已经有利用微生物发酵法生产番茄红素的报道,但大部分还处于实验室阶段,尚未实现工业化生产。主要原因可能包括发酵条件的优化、大规模培养微生物的难度、提取和纯化番茄红素的工艺等。因此,要实现工业化生产,还需要进一步研究和开发。

5.1.3 番茄红素在食品中的应用

番茄红素是一种重要的天然色素和营养素,具有多种健康益处,如预防癌症、心血管病等。由于其独特的性质和功能,番茄红素在食品工业中得到了广泛的应用。

（1）番茄红素是天然色素,具有鲜艳的红色和良好的稳定性,可以作为食品添加剂用于各种食品和饮料中。它可以为产品提供鲜艳的红色和良好的感官品质,同时还可以增加产品的营养价值。

（2）番茄红素还具有抗氧化和抗炎等生物活性,可以用于功能性食品和膳食补充剂中。由于其抗氧化和抗炎作用,番茄红素可以帮助预防和缓解某些慢性疾病,如心血管疾病和癌症等。因此,番茄红素被广泛应用于制作功能性食品和膳食补充剂,如胶囊、液体等。

（3）番茄红素还可与其他类胡萝卜素合用,用于制作复合产品。类胡萝卜素是一类天然色素,具有抗氧化和抗炎等作用,对人体健康有益。番茄红素可以与其他类胡萝卜素如 β- 胡萝卜素、叶黄素等合用,制作复合产品,提供更全面的健康益处。

需要注意的是,虽然番茄红素具有多种健康益处,但摄入量也需要适度。过量摄入番茄红素可能会对身体健康造成负面影响。因此,在使用番茄红素作为食品添加剂或膳食补充剂时,需要遵循相关法规和标准,确保产品的安全性和有效性。

5.2 玉米黄质的制备及应用

玉米黄质是一种油溶性天然色素,广泛存在于自然界中的绿色叶类蔬菜、花卉、水果、枸杞和黄玉米中。玉米黄质的生物合成途径主要涉及一系列酶促反应,这些反应在叶绿体中进行。首先,乙酰 CoA 作为起始原料,经过一系列酶促反应生成异戊烯焦磷酸。其次,异戊烯焦磷酸在异戊烯焦磷酸异构酶的作用下生成 2-甲基-3-异戊烯基磷酸。接下来,2-甲基-3-异戊烯基磷酸在酮基还原酶的作用下被还原成 3-羟基-2-甲基戊烯。最后,3-羟基-2-甲基戊烯在脂肪氧化酶的作用下生成玉米黄质。

玉米黄质具有多种生物学功能。首先,它是动物和人体维生素 A 的重要来源之一,能够促进视紫红质的合成和暗适应能力,保护视网膜免受氧化损伤。其次,玉米黄质还具有抗氧化和抗炎作用,可以清除自由基、抑制脂质过氧化和炎症反应,从而保护细胞和组织免受损伤。此外,玉米黄质还能预防心血管疾病、糖尿病和某些癌症等疾病。

玉米黄质作为一种天然色素和具有多种生物学功能的化合物,在食品、保健品和医药等领域具有广泛的应用前景。随着人们对食品安全和健康需求的不断提高,玉米黄质作为一种天然、健康的食品添加剂将越来越受到关注和重视。同时,通过深入研究玉米黄质的生物合成途径和生物学功能,可以为提高玉米黄质的产量和质量、开发新型药物和保健品等提供理论依据和实践指导。

5.2.1 玉米黄质的生理功能

5.2.1.1 在食品方面的功能特性

由于玉米黄质分子中的特殊结构,它具有很强的抗氧化能力,可以有效地清除自由基、猝灭单线态氧等,从而保护生物系统免受氧化应激的潜在有害影响。玉米黄质的抗氧化特性与其分子结构密切相关。具体来说,其分子中的 11 个共轭双键可以有效地吸收和传递电子,从而猝灭单线态氧和清除自由基。此外,尾端基团上带有羟基,增强了其亲水性,使其能够更好地与生物体内的水分子结合,进一步增强了其抗氧化作用。

玉米黄质的抗氧化作用在生物体内发挥着重要的作用。当机体受到氧化应激的攻击时,细胞内的自由基和活性氧物质会大量增加,对细胞膜、蛋白质和 DNA 等造成损伤。而玉米黄质可以清除这些自由基和活性氧物质,保护细胞免受氧化损伤。此外,玉米黄质还可以通过调节相关抗氧化酶的活性,提高机体的抗氧化能力。

5.2.1.2 在医学方面的功能特性

（1）对视觉的保护作用

玉米黄质在视网膜中大量积累,尤其是黄斑区域,对于维持正常的视觉功能具有重要作用。它能够吸收光谱范围较广的光线,包括蓝光和紫外线,从而保护视网膜免受光损伤。玉米黄质可以作为光过滤器,有效滤除对眼睛有害的光线,减少对视网膜的损伤。同时,它还能够对眼部代谢和功能产生直接影响,维持眼睛的正常生理功能。

（2）对心血管病及癌症的作用

玉米黄质在心血管健康方面也发挥了积极的作用。它有助于减缓动脉硬化的进程,主要是通过与氧和自由基快速反应,阻止过氧化的链式传递,中断过氧化反应。这一特性使玉米黄质具有很好的抗氧化性能,可以保护心血管系统免受氧化应激的损害。

血液中类胡萝卜素水平与冠心病的发病风险成反比关系。玉米黄质作为一种类胡萝卜素,可显著降低心肌梗死的发病率,并可降低颈总动脉内膜血管中层的增厚。这一发现为心血管疾病的预防和治疗提供了新的思路和方法。[①]

（3）其他作用

玉米黄质不仅具有抗氧化和保护视觉的作用,还具有很高的营养价值。当人体摄入玉米黄质后,它可以在肝脏内转化为具有生物活性的维生素 A。

维生素 A 能够促进视网膜中的视紫红质合成,提高眼睛在暗环境下的视敏度,有助于保护视力,预防夜盲症等眼部疾病。同时,维生素 A 还能够促进眼球晶状体的正常代谢,减少晶状体浑浊和白内障等眼病的发生。

维生素 A 能够增强淋巴细胞的增殖和分化,提高机体的免疫力,增强抗病能力。同时,维生素 A 还能够促进上皮细胞的正常分化,维护皮肤、呼吸道、消化道等上皮组织的健康,预防皮肤干燥、角质化、呼吸道感染和消化道疾病。

此外,维生素 A 能够促进骨细胞的分化和成熟,有助于维持骨骼的健康和预防骨质疏松等骨骼疾病。同时,维生素 A 还能够促进牙齿的正常发育和钙化,预防龋齿等口腔疾病。

5.2.2 玉米黄质的制备

玉蜀黍,也被称为玉米或苞谷,是一种常见的谷物。在湿法生产玉米淀粉的过程中,会产生许多副产物,其中之一就是黄蛋白粉(麸质)。这种副产物中包含了玉米黄质,但目前未被有效利用。玉米黄质是一种天然色素,具有鲜艳的黄色。在湿法生产玉米淀粉的过程中,玉米黄质会与蛋白质一起被分离出来,并存在于黄蛋白粉(麸质)中。由于黄蛋白粉(麸质)的来源丰富且价格低廉,因此常被用作提取玉米黄质的原料。随着人们对食品安全和健康需求的不断提高,玉米黄质作为一种天然、健康的色素将越来越受到重视和广泛应用。通过进一步的研究和技术创新,有望实现玉米黄质的低成本、高效率提取,进一步推动其在各

---

① 崔丽娜,董树亭,高荣岐,等.玉米籽粒色素研究进展[J].山东农业科学,2010（2）:55-58.

领域的应用和发展。

　　目前,提取玉米黄质的方法主要包括有机溶剂法和超临界二氧化碳萃取法。这些方法都可以有效地从黄蛋白粉(麸质)中提取出玉米黄质,为食品、化妆品等领域提供天然、健康的色素选择。

5.2.2.1 有机溶剂法

　　1)从玉米蛋白干粉中提取玉米黄质

　　从玉米蛋白干粉中提取玉米黄质需要经过烘干、粉碎、乙醇浸泡提取、收集浸泡液、回收乙醇、真空浓缩和食用液体黄质产品的制备等步骤。同时,通过实验确定优化提取条件,可以提高提取率并确保生产的经济性。

　　(1)预处理。将玉米蛋白干粉烘干并粉碎,以便于后续的提取操作。

　　(2)乙醇浸泡提取。将粉碎后的玉米蛋白粉加入 5 倍量的 95% 乙醇,反复浸泡提取数次。每次提取时,确保蛋白粉的黄色基本提净。通过这种方式,可以有效地从玉米蛋白粉中提取出玉米黄质。

　　(3)收集浸泡液。每次提取后,收集浸泡液,这些液体内含有提取出的玉米黄质。

　　(4)回收乙醇。为了得到更纯净的玉米黄质,需要回收乙醇,并进行真空浓缩。这一步可以去除多余的乙醇和其他杂质,使玉米黄质的纯度更高。

　　(5)食用液体黄质产品的制备。将提取出的玉米黄质溶于食用油中,可以得到一定浓度的食用液体黄质产品。这种产品可以直接用于食品的着色和调味,具有天然、健康的优点。

　　(6)优化提取条件。为了提高色素的提取率和生产的经济性,实验确定了每次提取 2 小时,提取 3 次的条件。通过这种方式,提取率大于90%,收率为 5%。这种优化条件可以确保提取过程的效率和经济效益。

　　2)从玉米皮渣中提取玉米黄质

　　从玉米淀粉下脚料玉米皮渣中提取玉米黄质,主要有粉碎法和抽提法。提取玉米黄质的最佳条件可能因原料的品种、产地、采摘时间等因素而有所不同,因此在实际生产中需要根据具体情况进行调整。同时,提取过程应严格控制温度、时间等参数,以确保产品的质量和安全性。

粉碎法的步骤如下：

（1）原料采集。收集新鲜的玉米皮渣作为原料。

（2）筛选。去除玉米皮渣中的杂质，如玉米芯、泥土等。

（3）水洗。将筛选后的玉米皮渣用水清洗干净，去除表面的污垢和杂质。

（4）干燥。将清洗后的玉米皮渣进行干燥处理，以便后续的粉碎操作。

（5）粉碎。将干燥后的玉米皮渣进行粉碎，使其成为细小的粉末状。

（6）产品。得到的玉米皮渣粉末中就含有玉米黄质，可以用于食品、化妆品等领域。

这种方法更适合于开发一些特定产品，但目前的应用涉及面并不广泛。为了更有效地提取玉米黄质，可以考虑采用其他方法，如有机溶剂法和超临界二氧化碳萃取法等。这些方法能够更充分地提取玉米黄质，提高其含量和纯度，但可能需要较高的成本和技术支持。

抽提法的步骤如下：

（1）原料采集。收集新鲜的玉米皮渣作为提取的原料。

（2）筛选。通过筛选去除玉米皮渣中的杂质，如玉米芯、泥土等。

（3）水洗。用水清洗筛选后的玉米皮渣，去除表面的污垢和杂质。

（4）干燥。将清洗后的玉米皮渣进行干燥处理，以便后续的提取操作。

（5）提取。采用有机溶剂或超临界二氧化碳等提取剂，从干燥后的玉米皮渣中提取玉米黄质。这一步是整个工艺的核心，目的是尽可能多地提取出玉米黄质。

（6）浓缩。将提取液进行浓缩，去除多余的溶剂或提取剂，使玉米黄质的浓度更高。

（7）干燥。对浓缩物进行干燥处理，进一步去除多余的溶剂或提取剂。

（8）粉碎。将干燥后的物质进行粉碎，得到细小的粉末状产品。

（9）产品。得到的粉末就是提取出的玉米黄质，可以用于食品、化妆品等领域。

抽提法的优点是可以较为充分地提取出玉米皮渣中的玉米黄质，而且可以通过选择不同的提取剂来调节提取效率和纯度。但缺点是可能涉及有机溶剂的使用，需要严格控制操作条件和安全防护措施。此外，提取过程可能比较复杂,需要一定的技术和设备支持。

3)从玉米粒中提取玉米黄质

(1)选择无水乙醇与石油醚(质量比 1∶4)的混合溶剂作为提取剂,这种混合溶剂能够更好地溶解玉米黄质并提高提取效率。

(2)采用浸提法进行提取,即先将玉米粒粉碎成粉末,然后与提取剂混合,在一定温度下浸提一定时间。根据实验结果,最佳的提取条件为:溶剂与玉米粉的质量比为 2∶1,在 55℃下浸提 1.5 小时,浸提 2 次。

(3)提取完成后,将浸提液取出,以石油醚作为参比,用紫外可见分光光度计进行波长扫描,找到可见区最大吸收峰波长 $\lambda_{max}=445nm$。在这个波长下,吸光度可以作为提取效果的判定指标。

(4)将提取液进行水浴加热浓缩,在 65℃沸腾时,溶液中的水分开始蒸发。随着温度升高,70℃时馏分最多,75℃时溶剂大部分蒸出。在 80℃时,容器敞口浓缩,最终得到的产品为橙红色黏稠油状物,色素提取率为 3.5%。[①]

从玉米粒中提取玉米黄质的过程需要控制好温度、时间、溶剂比例等参数,以保证提取效率和产品质量。此外,为了获得更纯净的玉米黄质,还需要进行进一步的纯化处理。

5.2.2.2 超临界二氧化碳萃取法

超临界二氧化碳萃取技术是一种新型的化工分离技术,具有安全、无毒、高效的特点。

采用超临界二氧化碳萃取法从玉米粒中提取玉米黄质的工艺流程如下:

(1)原料准备。选择新鲜的玉米粒,清洗干净,晾干。

(2)粉碎。将玉米粒进行粉碎,使其成为细小的颗粒,以便于萃取。

(3)装料。将粉碎后的玉米粒装入萃取釜中。

(4)液化处理。对二氧化碳进行液化处理,使其成为液态。

(5)装料至萃取釜。将液态二氧化碳装入萃取釜中,与粉碎后的玉米粒混合。

---

① 杜高英,王绪科,王清,等.天然色素玉米黄的提取[J].山东科学,2000,13(2):20-22.

（6）调压、调温。调整萃取釜内的压力和温度,使其达到超临界状态。

（7）萃取。在超临界状态下,二氧化碳与玉米黄质进行萃取反应,使玉米黄质从玉米粒中分离出来。

（8）分离。将萃取后的二氧化碳和玉米黄质进行分离,得到纯度较高的玉米黄质。

（9）精馏柱分离。将分离后的气态二氧化碳通过精馏柱进行组分分离,得到较纯净的玉米黄质。

（10）收集。将纯度较高的玉米黄质收集起来。

（11）循环使用。对分离后的气态二氧化碳进行液化处理,循环使用,减少二氧化碳的排放。

通过这个流程,可以有效地提取出高纯度的玉米黄质,同时实现二氧化碳的循环使用,减少环境污染。

与传统的有机溶剂法相比,超临界 CO_2 萃取的玉米黄质性能更优异。它能够更好地保持色素的纯度和天然性,减少溶剂残留,提高产品质量。此外,超临界 CO_2 萃取技术的生产周期短,操作简单,可以降低生产成本。

5.2.3 玉米黄质在食品中的应用

5.2.3.1 在天然着色剂中的应用

玉米黄质作为一种天然、健康的着色剂,在食品工业中具有广泛的应用前景。它可以替代部分或全部化学合成色素,为食品提供自然、健康的色素选择,同时还可以增加产品的营养价值和保健功能。

通过对人造奶油、硬糖、软糖等食品添加玉米黄质色素进行着色试验,考察其用量及效果,发现玉米黄质可以作为一种有效的天然着色剂应用于食品工业中。在人造奶油中,添加 0.5% 的玉米黄质色素可以产生稳定的自然黄色,比使用维生素 B 进行着色更加接近真奶油的颜色。这表明玉米黄质在人造奶油中具有良好的着色效果。

在硬糖中,添加 0.26% 的玉米黄质色素可以使产品呈现稳定的黄色。这表明玉米黄质在硬糖中具有良好的着色效果和稳定性。在软糖中,添加 0.4% 的玉米黄质色素,并在 100℃ 条件下烘干 50 小时,无明显变化。这表明玉米黄质在软糖中具有较好的稳定性,能够承受加工过程中的高温处理。着色后软糖色泽自然、逼真,可以代替合成色素使用。

5.2.3.2 在抗氧化剂中的应用

玉米黄质在抗氧化剂中的应用主要是利用其抗氧化性质,来保护食品免受氧化损伤,从而延长食品的保质期。在油脂氧化过程中,玉米黄质能够消耗脂质自由基,从而抑制油脂的氧化链式反应,起到抗氧化的作用。

将玉米黄质与常用的抗氧化剂 BHT 进行抗氧化能力的测定比较是一个有效的研究方法。通过对比实验发现,在经氧处理后 40min 内,加有玉米黄质的样品中 $\beta-$ 胡萝卜素的光密度下降较少,这表明玉米黄质具有较好的抗氧化效果。总体上来说,玉米黄质的抗氧化力与 BHT 相当,甚至在某些条件下可能表现出更强的抗氧化性能。

作为天然、营养的添加剂,玉米黄质在抗氧化剂领域的应用具有广阔的前景。它可以作为一种有效的抗氧化剂替代合成的抗氧化剂 BHT,用于食品工业中。使用玉米黄质作为抗氧化剂具有许多优势,首先它是天然的、安全的,对人体无害;其次它还含有丰富的营养物质,如维生素、矿物质等,具有保健功能。此外,玉米黄质还具有良好的水溶性和稳定性,方便添加和使用。

5.2.3.3 在新型饮料中的应用

玉米黄质可以作为天然色素添加到饮料中,为产品提供鲜艳的黄色,增强视觉吸引力。这种天然色素是从玉米中提取出来的,对人体无害,而且具有良好的水溶性和稳定性,可以很好地应用于饮料生产中。

玉米黄质在新型饮料中的应用非常广泛。由于其天然的黄色和丰富的营养价值,玉米黄质被广泛用于各种饮料的制造中,以提高产品的营养价值和保健功能。玉米黄质在新型饮料中的应用具有很大的潜力。通过合理地添加和使用玉米黄质,可以制造出营养丰富、保健功能强的饮料产品,满足消费者对健康和美味的需求。同时,开发含有玉米黄质的饮料也是企业创新和发展的一个方向,可以为企业带来更多的商机和市场份额。

　　此外，玉米黄质还可以与其他营养成分结合使用，如叶黄素、β－胡萝卜素等，以增强保健效果。这些营养成分可以协同作用，发挥更好的保健作用，如保护视力、抗氧化、降低胆固醇等。

5.3　叶绿素的制备及应用

　　叶绿素是一种绿色色素，存在于植物的叶内，以卟啉为骨架。叶绿素在热、光（特别是紫外线）的作用下易分解，并对酸不稳定，因此常使用铜、镁、钴等元素置换其中心金属镁以实现稳定化。叶绿素在食品、饮料和化妆品中有广泛应用，其常见的水溶性形式包括叶绿素铜钠和叶绿素铁钠等钠盐。值得注意的是，在无光条件下，叶绿素具有抗氧化效果，其作用机制可能与消耗脂质自由基有关。然而，叶绿素对油脂的稳定性有负面影响，因为它能产生单态氧并与不饱和脂肪酸反应生成氢化过氧化物。因此，在精炼过程中通常使用大量活性白土进行脱色以增强油脂的稳定性。[①]

5.3.1 叶绿素的生理功能

　　叶绿素，这一充满生机的绿色色素，自 1818 年被 Pillai 首次从植物中提取以来，逐渐引起了科学家的广泛关注。它的结构与人类和大多数动物血液中的红色素极其相似，这种神秘的联系使其成为维持生命不可或缺的物质。

　　叶绿素的发现与研究历程充满了曲折与突破。最初，人们认为叶绿素是一种单一的绿色色素，但随着研究的深入，Stokes 在 1884 年发现它实际上是由多种绿色色素组成的混合物。1908 年，Tsen 成功地应用柱谱法将其分离出来，而 Wilsjcter 在 1913 年阐明了叶绿素的化学结构，

---

① 崔玲. 超声波与助剂强化玉米秸秆预处理与酶水解的研究 [D]. 南京林业大学，2007.

为此在 1915 年获得了诺贝尔奖。

然而,叶绿素的效用远不止于此。第二次世界大战中,美国将叶绿素与青霉素一起用于大量治疗负伤兵员,显著地减少了当时非常昂贵的青霉素的用量,并取得了积极的治疗效果。而且,叶绿素病房的启用意外地消除了令人作呕的腐败臭味,从而揭示了叶绿素的脱臭作用。

自此以后,对叶绿素的研究进一步深入,人们发现它还具有许多其他的生理功能。叶绿素能够降低胆固醇水平、抗突变、抗致癌物质、抗炎症等。在抗变应性方面,叶绿素可以促进刀伤、火伤、溃疡等伤口的肉芽新生,加速治愈过程。此外,叶绿素还具有抗致突变作用,能够抑制突变性物质的活性,控制致突变物质的生成,从而降低癌症的风险。

尽管我们已经对叶绿素有了相当深入的了解,但关于它的许多生理功能和潜在应用仍待进一步探索。随着科学技术的不断进步,我们有理由相信,未来我们将更加深入地了解叶绿素的奥秘,并发现其在维护人类健康方面的更多潜力。

5.3.1.1　抗致突变作用

致突变作用是指某些物质能够引起 DNA 突变,进而可能导致细胞异常增殖和癌症的发生。叶绿素作为一种天然成分,近年来被发现具有抗致突变的作用。

叶绿素和叶绿酸能够强烈抑制突变性物质的作用,通过与这些物质结合或调节其代谢活性,使其失去致突变性。其中,叶绿酸与致突变物质具有强烈的亲和性,可以与其形成复合物,从而钝化其活性。

具体来说,叶绿素和叶绿酸可以通过以下机制发挥抗致突变作用。

(1)与致突变物质结合。叶绿素和叶绿酸能够与具有致突变性的物质如 Trp-p-2 活性体结合,形成复合物,使其失去活性。这种结合作用可以有效地降低这些物质在体内的浓度,减少其对 DNA 的损伤。

(2)抑制代谢活性。叶绿素和叶绿酸可以抑制致突变物质的代谢活性,从而降低其在体内的代谢产物对 DNA 的损伤。这种抑制作用有助于控制致突变物质在体内的生成,减少其对正常细胞的影响。

(3)促进解毒代谢。叶绿素和叶绿酸能够促进体内解毒代谢酶的活性,帮助身体更有效地排除和代谢致突变物质。通过加速这些物质的代谢和排泄,可以降低其在体内的积累和对 DNA 的损伤。

此外，叶绿素还能够抑制黄曲霉素和苯并芘等其他致突变物质的作用。

5.3.1.2 促愈创伤作用

创伤和溃疡是生活中常见的伤口类型，它们需要适当的护理和愈合过程。叶绿素作为一种天然成分，近年来被发现具有促进创伤和溃疡愈合的潜力。

叶绿素对创伤和溃疡的愈合作用主要表现在以下几个方面。

（1）抗菌消炎。叶绿素具有抗菌和抗炎的特性，可以减少伤口感染的风险，并缓解炎症反应。这对于创伤和溃疡的愈合至关重要，因为炎症反应是伤口愈合过程中的重要组成部分。

（2）促进肉芽新生。叶绿素能够刺激肉芽组织的生长，这是伤口愈合过程中的一个关键步骤。肉芽组织能够填满伤口，并为上皮细胞的生长提供支持。

（3）加速上皮细胞新生。叶绿素可以促进上皮细胞的生长和修复，使伤口更快地愈合。上皮细胞的生长是伤口愈合过程中不可或缺的一环，有助于恢复皮肤的完整性和屏障功能。

（4）干燥创面。叶绿素具有一定的收敛作用，可以减少伤口表面的渗出物，保持创面的干燥。这对于促进伤口的愈合至关重要，因为湿润的环境有利于细菌的生长，导致伤口延迟愈合。

5.3.1.3 抗变应性作用

变应性，也称为变态反应，是指人体对某些物质过度反应或过敏。这种反应可能导致一系列的过敏性疾病，如慢性荨麻疹、慢性湿疹、支气管哮喘和冻疮等。近年来，叶绿素作为一种天然成分，其抗变应性作用受到了广泛关注。

叶绿素抗变应性作用的机制主要涉及抗过敏和抗补体两个方面。抗过敏作用是指叶绿素能够抑制过敏原与免疫系统之间的反应，从而减少或消除过敏症状。而抗补体作用则是通过抑制补体系统活性，降低炎症反应和免疫应答，达到缓解变应性症状的效果。

研究显示，叶绿素抗变应性效果与所含金属离子种类密切相关。一些金属衍生物如铜、钠等具有更强的抗变应性效果。其中,叶绿素铜衍生物在抗过敏方面的作用被认为远超其他金属衍生物。

在临床应用方面,口服叶绿素铜钠已被证实对慢性荨麻疹、慢性湿疹、支气管哮喘及冻疮等变应性疾病有一定的疗效。一些研究表明,长期口服叶绿素铜钠可以显著改善患者的症状,减少发作频率,提高生活质量。

5.3.1.4 脱臭作用

在我们的日常生活中,臭味可能来自多种因素,如食物、体味、环境等。长久以来,人们一直在寻找各种方法来消除或减轻这些不愉快的气味。而叶绿素,这一我们熟知的天然色素,在二战时期就已经被发现具有脱臭的特性。

在第二次世界大战期间,研究者发现叶绿素具有消除患者身上恶臭的作用。这一发现引起了广泛的关注。Bowers 的研究表明,使用叶绿素后,患者身上的恶臭立刻消失。这一结果不仅证明了叶绿素的脱臭效果,还启发了后续对这一特性更深入的研究。

除了在二战时期的应用,现代科学研究进一步探讨了叶绿素的脱臭机制和效果。据 Werott 报告,叶绿素对多种来源的臭味都有去除作用。无论是饮食、抽烟还是新陈代谢产生的口臭、脚臭、腋下恶臭等,叶绿素都能发挥其独特的除臭效果。

那么,叶绿素是如何实现脱臭的呢? 这主要归功于其独特的化学结构和性质。叶绿素分子中的金属中心可以与臭味物质发生反应,改变其化学结构,从而降低或消除其臭味。此外,叶绿素还具有抗菌和抗炎的特性,这有助于减轻产生臭味的根源,进一步增强其脱臭效果。

5.3.1.5 降低胆固醇作用

据 Tsuchiya 的研究报告,叶绿素分解物脱镁叶绿素和脱镁叶绿酸具有降低血中胆固醇的作用。这一发现为心血管疾病预防和治疗提供了新的视角。实验表明,叶绿素的这一效果可能与它的金属配位有关。通过调整叶绿素的结构或与其他物质的结合,可能进一步提高其降低胆固醇的效果。

除了直接降低胆固醇外，叶绿素还可能通过其他机制对心血管健康产生积极影响。例如，叶绿素是一种强大的抗氧化剂，可以抵抗自由基对细胞的损害，从而有助于预防动脉粥样硬化的发生和发展。此外，叶绿素还含有丰富的镁和维生素 K 等营养素，这些都对心血管健康至关重要。

5.3.1.6 改善便秘作用

肠道蠕动是消化道正常运作的关键部分，有助于食物的消化和废物的排出。当肠道蠕动减慢或不规则时，便会导致便秘，症状可能包括腹胀、腹痛和排便困难。随着时间的推移，便秘可能导致肠道健康问题，甚至可能增加患结肠癌的风险。

叶绿素是如何发挥作用的呢？研究表明，叶绿素能够刺激肠道肌肉，使其自然收缩更加频繁和有力。这种刺激作用有助于促进肠道蠕动，从而使食物残渣顺利通过肠道，并最终排出体外。

除了改善便秘，叶绿素还有其他健康益处。例如，叶绿素是一种强大的抗氧化剂，可以抵抗自由基的损害，从而有助于预防慢性疾病如心脏病和癌症。此外，叶绿素还含有丰富的镁和维生素 K，这些营养素对维持身体健康至关重要。

5.3.2 叶绿素的制备

虽然游离的叶绿素很不稳定，对光、热敏感，易氧化裂解而褪色，但通过碱水解和中心离子的替换，可以生成稳定性增加的叶绿素铜钠盐，从而使其成为一种适合用作食品添加剂的食用色素。除了蚕沙，生产叶绿素的原料还有很多，包括竹叶、芦苇、芭蕉叶、甜菜叶、菠菜叶等各种叶子。这些原料的使用取得了令人满意的效果。

5.3.2.1 从蚕沙中提取叶绿素铜钠盐

叶绿素是一种天然色素，具有鲜艳的绿色和良好的稳定性，同时还有一定的营养价值和保健功能。由于叶绿素在食品、化妆品、医药等工业中有着广泛的应用前景，因此从各种原料中提取叶绿素成为了研究的热点。

从蚕沙中提取叶绿素铜钠盐的工艺流程如下。

（1）蚕沙预处理。将蚕沙进行清洗、干燥和粉碎，得到蚕沙粉末。除了蚕沙，还有许多其他天然原料可以用于提取叶绿素，如茶叶、松针、藻类等。通过研究这些原料的叶绿素含量和提取工艺，可以寻找更加可持续和稳定的叶绿素来源。

（2）浸提。称取 1kg 的 40 目蚕沙粉末，加水软化后，用 2500mL 95% 的乙醇进行浸提。加入 10% 的 NaOH 溶液，并用 70℃ 左右的水进行浸提。浸提过程中要不断搅拌，浸提完成后进行抽滤，滤渣再浸提两次，合并滤液。

（3）皂化。向浸提液中加入氢氧化钠溶液，使叶绿素与脂肪酸分离，形成水溶性的叶绿素钠盐。

（4）过滤与浓缩。将滤液在 80℃ 左右的水浴中进行真空浓缩，直至减少至原体积的一半。然后用等体积的石油醚萃取不皂化物，直至石油醚无色。

（5）酸化。将浓缩后的叶绿素钠盐溶液调至酸性，加入硫酸铜，进行铜代反应。

（6）置铜。在酸性条件下，取下层皂化液，加入 10% 的硫酸铜溶液，调节 pH 值为 2～3。将混合液置于沸水浴中，观察到铜叶绿酸沉淀或漂浮在水面。

（7）置钙去杂。将铜叶绿酸用热水洗涤，然后加入 10% 的 Ca（OH）$_2$ 溶液，调节 pH 为 10～11。加热至 60～80℃，搅拌 20min 后冷却过滤。沉淀用水洗涤 4～5 次，再用 1% 的盐酸溶液沉淀，调节 pH 值为 2～3。用水和乙醇洗涤 2～3 次，得到纯净的铜叶绿酸。

（8）成盐干燥。将纯净的铜叶绿酸用乙醇溶解，加入 10% 的 NaOH 溶液，调节 pH 值为 11。过滤后用水洗 2～3 次，再进行真空干燥，得到墨绿色的叶绿素铜钠盐粉末。

（9）成品。将叶绿素铜钠盐进行粉碎、过筛和包装，得到最终的成品。

操作过程中要严格控制 pH 值、温度等参数，确保实验的安全性和准确性。同时，实验结束后要做好清洁工作，避免对环境造成污染。

5.3.2.2 水溶性茶绿色素制备

茶绿色素(Teagreen pigment,TGP)是从茶鲜叶或绿茶中提取制备的一种天然色素,它以叶绿素为主要成分。这种色素呈现出鲜明的绿色,具有天然、健康和安全的特点。叶绿素是植物进行光合作用的主要色素,它在自然界中广泛存在。茶叶中的叶绿素含量较高,尤其是绿茶,因此绿茶被认为是提取茶绿色素的主要原料。

茶绿色素具有天然、健康和安全的特点,因此在食品、化妆品、医药等领域具有广泛的应用前景。在食品工业中,茶绿色素可以作为食用色素添加到饮料、糖果、糕点等食品中,增加食品的色泽和感官品质。在化妆品中,茶绿色素可以作为皮肤增白剂和化妆品原料,具有一定的美容功效。在医药工业中,茶绿色素可以用于制作药品的着色剂和原料药。

需要注意的是,茶绿色素的生产和应用需要遵循相关法规和标准,确保产品的安全性和有效性。此外,由于叶绿素对光和热敏感,因此在储存和运输过程中需要采取适当的措施来保护产品的质量。

水溶性茶绿色素的制备主要包括以下步骤。

(1)原料选择与预处理。选择新鲜的茶叶或绿茶作为原料,将其进行粉碎处理,以便更好地提取色素。

(2)皂化。选择90%乙醇作为溶剂溶解脂溶性茶绿色素粉末,并确定最佳的皂化剂与脂溶性茶绿色素的体积比为4:1。将脂溶性茶绿色素粉末溶解在90%乙醇中,加入氢氧化钠,混合均匀后,在适宜温度下进行皂化反应。温度控制对皂化反应速度和效果至关重要,需要通过实验确定最佳温度。皂化完毕后,使用石油醚萃取未反应的叶绿素,将水相和有机相分离。在652nm波长处测定石油醚溶液的吸光值,计算叶绿素浓度。通过比较不同条件下的吸光值,找出最佳皂化条件。为确保准确性和可重复性,需多次实验并分析比较结果。操作时需注意安全问题,如远离火源、佩戴防护装备等。

(3)酸化。皂化反应完成后,需要将溶液的pH值调至酸性,常用的酸是盐酸。酸化可以促进叶绿素的分离和纯化。

(4)铜代。通过调节皂化液的pH值,观察pH值对铜代反应的影响,以确定最佳的pH值范围。通常选择10%的硫酸铜溶液,按照确定的体积比(如4:1)加入皂化液中。控制反应温度和时间对于铜代反应的效果至关重要,需要经过实验确定最佳的条件。完成后,通过萃取、结晶或重结晶等方法纯化生成的脂溶性茶绿色素,并在 405nm 波长处测定其吸光值,以评估铜代反应的效果。通过比较不同条件下的吸光值,找出最佳的铜代条件。为确保准确性和可重复性,需多次实验并对结果进行分析和比较。操作时需注意安全问题,如穿戴防护装备,并注意盐酸、硫酸铜和有机溶剂的安全操作。

(5)成盐反应。铜代反应完成后,需要将溶液的 pH 调至中性,然后加入适量的醋酸,使铜代叶绿素形成水溶性的醋酸铜代叶绿素。

(6)纯化。通过离心、过滤等方法将溶液中的杂质去除,然后进行浓缩和干燥,得到水溶性茶绿色素粉末。

(7)质量检测。对制备得到的水溶性茶绿色素进行质量检测,包括含量、纯度、稳定性等方面的检测。

制备过程中需要注意操作条件的选择和控制,例如温度、pH 值、浓度等,以确保制备得到的水溶性茶绿色素的质量和稳定性。同时,也要注意安全问题,例如避免使用过量的硫酸铜或盐酸,以免对人体造成危害。

5.3.2.3　从竹叶中提取叶绿素

我国是世界上竹资源最丰富的国家,竹子在我国的分布广泛,从南到北,从东到西,几乎各个地区都有竹林的分布。竹叶是竹子采伐、加工的剩余物,而竹叶中所含的丰富叶绿素,近年来越来越受到关注。目前,从竹叶中提取叶绿素已经成为一个新兴的产业。我国拥有丰富的竹林资源,竹叶产量巨大,这为叶绿素的提取提供了充足的原料。通过合理的提取工艺和加工技术,可以高效地提取出竹叶中的叶绿素,并将其应用于各个领域中。

从竹叶中提取叶绿素的工艺流程如下。

(1)原料准备。选择新鲜的竹叶,将其清洗干净,去除杂质,然后将其破碎成粉末。

(2)提取。将竹叶粉末放入适当的溶剂中,如乙醇或丙酮,进行提取。提取过程中需要搅拌或超声波辅助,以促进叶绿素的溶出。根据叶绿素的性质选择适当的溶剂,以最大限度地提取叶绿素。提取过程中需要控制温度和时间,以免影响提取效果和叶绿素的质量。

（3）过滤。将提取液过滤，去除固体杂质。提取液需要进行过滤或离心，以去除固体杂质和其他色素。

（4）浓缩。将滤液进行浓缩，使叶绿素浓度提高。可以使用蒸发、旋转蒸发等方法进行浓缩。浓缩后的叶绿素可能还需要进一步纯化，可以使用结晶、重结晶等方法进行纯化。

（5）叶绿素浸膏。经过上述步骤后，可以得到叶绿素浸膏。如果需要进一步纯化，可以进行结晶或重结晶。

5.3.3 叶绿素在食品中的应用

叶绿素在食品工业中主要用于作为食用色素和脱臭剂。由于其具有鲜艳的绿色和天然的来源，叶绿素被广泛用于食品的着色和增色。它可以为食品提供自然、健康的绿色，使产品外观更加诱人。

此外，叶绿素还具有一定的保健功能，因此也被用作功能性食品的原料。研究表明，叶绿素具有抗氧化、抗炎、抗疲劳等作用，对人体健康有益。因此，叶绿素在功能性食品领域的应用也在不断拓展，如用于制作肠胃药、除口臭药、漱口剂、牙膏等。

需要注意的是，叶绿素的使用需要遵循相关法规和标准，确保产品的安全性和有效性。例如，叶绿素不能用于酸性或含钙食品，否则易产生沉淀。此外，叶绿素的每日允许摄入量也需要控制，以避免过量摄入带来风险。

第6章　功能性甜味剂的制备及应用

功能性甜味剂是一类具有特定生物活性和健康功能的甜味物质。它们不仅具有甜味,还能对人体产生一定的生理功能,如调节血糖、抗氧化、抗炎、降血压等。功能性甜味剂的制备方法主要有生物发酵法、酶法转化法、化学合成法等。功能性甜味剂广泛应用于食品工业、药品工业、功能性饮料、健康保健品等领域。本章主要对功能性单糖、低聚糖的制备及应用展开详细叙述。

6.1　功能性单糖的制备及应用

功能性单糖是指具有特定生物活性和健康功能的单糖分子。单糖是碳水化合物的基本组成单位,包括葡萄糖、果糖、半乳糖、木糖、阿拉伯糖等。功能性单糖通常以游离形式或与其他单糖结合的形式存在于天然食物中,如水果、蔬菜、谷物、豆类等。

常见的功能性单糖包括以下几种。

(1)果糖:广泛存在于水果和蔬菜中,具有甜味,可作为食品甜味剂。

(2)半乳糖:存在于乳制品中,对婴儿大脑发育有益。

(3)木糖:存在于植物细胞壁中,具有抗氧化作用。

(4)L-阿拉伯糖:存在于胶质、半纤维素、果胶酸、细菌多糖及某些糖苷中,具有抑制蔗糖吸收的作用。

功能性单糖具有以下特点。

（1）特殊的生物活性。功能性单糖可以调节人体内的生理功能，如促进肠道健康、增强免疫力、抗氧化、抗肿瘤等。

（2）低热量。功能性单糖通常具有较低的热量，适合需要控制体重的人们和糖尿病患者食用。

（3）良好的溶解性和稳定性。功能性单糖在水中的溶解性较好，且在酸碱性环境下具有较好的稳定性。

6.1.1 功能性单糖的制备

单糖是碳水化合物的基本组成单位，包括葡萄糖、果糖、半乳糖、木糖、阿拉伯糖等。单糖的制备方法主要有以下几种。

（1）从天然食物中提取。可以从富含单糖的食物中提取单糖，如蜂蜜、果汁等。提取过程包括榨汁、过滤、浓缩、结晶等步骤。

（2）化学合成法。通过化学合成方法制备单糖。这种方法通常使用化学试剂将多糖或双糖转化为单糖，如使用酸或碱催化剂进行反应。

（3）酶法转化。利用酶法转化技术，将富含多糖或双糖的淀粉、麦芽糖等物质转化为单糖，通常需要使用淀粉酶、麦芽糖酶等酶制剂将多糖或双糖转化为单糖。

（4）生物转化法。生物转化法利用微生物或植物体内产生的酶，可以将一些非糖物质转化为单糖。这些非糖物质可以是植物、动物或微生物代谢产物，也可以是其他来源的化合物。例如，通过生物转化法可以将淀粉转化为葡萄糖，将纤维素转化为葡萄糖，将木质素转化为葡萄糖，以及将氨基酸转化为葡萄糖等。

（5）光化学合成法。光化学合成法利用光能将有机化合物转化为单糖，优势在于高效、环保、合成产物单一。例如，研究人员已经利用光化学合成法成功地将二氧化碳转化为葡萄糖，为未来的生物燃料生产提供了新的可能性。

（6）电解法。通过电解多糖或双糖溶液，将多糖或双糖转化为单糖。

在实际生产中，通常采用酶法转化和化学合成法来制备单糖。其中，酶法转化是一种较为温和的方法，可以保持单糖的生物活性和营养价值。而化学合成法可以实现大规模生产，但可能对单糖的生物活性有一定影响。在制备过程中，还需要对单糖进行分离、纯化、干燥等处理，以得到高品质的单糖产品。

6.1.2 功能性单糖的应用

单糖在食品工业中的应用十分广泛,其中最重要的就是烘焙和糖果工业。单糖是糖果和烘焙食品中最重要的成分之一,可以赋予食品甜味,并且能够延长食品的保质期。在烘焙领域,单糖可以用于制作各种甜点,如曲奇、蛋糕、面包等。在糖果工业中,单糖是制作糖果的主要原料,如巧克力、糖果等。此外,单糖还可以用于生产各种保健品和药品,如维生素、氨基酸等。

在医药领域,单糖可以用于制备各种药物,如阿司匹林、维生素 C 等。此外,单糖还可以用于制备生物活性物质,如单宁、沙棘黄酮等。在农业领域,单糖可以用于生产各种农药和肥料,如草甘膦、磷酸二氢铵等。

在环境保护领域,单糖可以用于制备各种生物降解塑料,如聚乳酸、聚己内酯等。这些塑料具有可降解性,可以减少环境污染。此外,单糖还可以用于制备生物燃料,如乙醇、甲醇等。这些生物燃料可以减少对化石燃料的依赖,降低温室气体排放。

此外,单糖还可以用于生产各种化学试剂和材料,如高分子化合物、液晶显示器等。

6.2　功能性低聚糖的制备及应用

6.2.1 概述

功能性低聚糖(Functional Oligosaccharide)也称寡糖,属于直链或支链的低度聚合糖,由 3 ~ 10 个单糖通过糖苷键聚合而成,因其能够抵抗唾液淀粉酶和肠道消化酶的水解,能够到达结肠,被后肠段的微生物种群利用,故称为功能性低聚糖。功能性低聚糖包括低聚果糖(FOS)、低聚半乳糖(GOS)、低聚异麦芽糖(IMO)、低聚木糖(XOS)、低聚甘露糖(MOS)、海藻酸低聚糖(AOS)和低聚壳聚糖(COS)等。功能性低聚糖是一种具有多种生理活性的碳水化合物,可促进肠道中有益菌的增殖,作为益生元,它们通过调控机体肠道菌群的稳态来提高机体的整体免疫力。

6.2.1.1 功能性低聚糖的制备方法

功能性低聚糖的制备方法有直接提取法、酶合成法、化学合成法、酸水解法、微生物发酵法、物理降解法和酶水解法等。其中,化学合成法的应用仅限于低聚糖的功能性研究上,因为可能产生或残留对人体有害物质而无法应用于食品中。

(1)直接提取法。目前,只有少量功能性低聚糖可以从天然原料中提取获得,如从大豆蛋白加工的副产物大豆乳清中获得大豆低聚糖,从水苏属植物的根茎中提取水苏糖,从木质纤维素中提取纤维低聚糖。能够通过这种方式获得的功能性低聚糖种类稀少,满足不了社会日益增长的对健康功能性食品的需要,通过从单糖合成或多糖降解的方法才能实现制备更多种类的功能性低聚糖。

(2)酸解法。酸解法是一种重要的多糖降解方法,其基本原理是在酸性条件下,多糖的糖苷键发生断裂,形成不同分子量的多糖链甚至是单糖,但酸水解过程中可能会优先裂解多糖的侧链,如甘露聚糖。酸水解法获得的甘露低聚糖纯度较高,但存在设备要求高、酸解过程难以控制、容易产生副反应以及酸性废弃物污染环境的缺点。

(3)合成法。低聚糖的合成法有多种,其中常用方法包括糖基卤化物在路易斯酸催化剂和亲核溶剂作用下进行 Koenigs-Knorr 反应形成糖苷,以及利用糖保护基团控制糖基化反应。研究表明,采用吡喃葡萄糖基三氯乙酰亚胺脂供体 6 和 9 可高效地大规模合成甘露寡糖。固态合成法也是一种常见的低聚糖合成方法,通过固相合成器和固体载体,将制备的低聚糖链与载体相连。固体载体是一种带有接头分子官能化的树脂,能够共价连接第一个单糖构建块,并通过化学反应依次添加单糖构建块,形成糖苷键,最终获得目标寡糖。采用固态合成法,通过糖基磷酸结构单元和辛烯二醇功能化树脂可以成功获取目标寡糖。

(4)氧化降解法。氧化降解法亦是降解多糖的方法之一,其主要通过强氧化剂作用于多糖的基团或作用力较弱的化学键,通过裂解多糖分子链而达到降解多糖的目的。氧化降解法中常用试剂有 H_2O_2、Cl_2、ClO_2 等,其中采用 H_2O_2 法降解多糖是常用手段。

（5）物理法。物理法包含降解、微波、超声波等多种降解多糖的方法。

物理降解法包括 γ 射线照射下的辐射降解法、光降解法、微波降解法和超声波降解法等。相比化学降解法,物理降解法对于污染物产生较少。物理降解法通常需要比较高的能量,易造成能源上的浪费,且降解效率不够高,产物不稳定,可以通过辅助其他制备功能性低聚糖的方法来增加其他方法处理的效率。

微波法原理是利用交变电流使底物的极性分子相互摩擦,弱化或断裂化学键以降解多糖。有研究者通过微波辅助降解虎杖多糖,使其分子量从 2.99×10^5 Da 降低至 2.33×10^3 Da,并表现出优异的抗氧化活性。

超声波法是通过超声波的高频率、短波长、强穿透力及空化作用的特性来降解多糖。有研究者利用此方法将马尾藻多糖降解,并发现所得多糖与天然马尾藻多糖相比,表观黏度更低,抗氧化活性更好。超声波法是一种简单可控的降解多糖的方法,但设备昂贵,能源消耗较大。

（6）酶解法。酶解法因制备低聚糖反应条件温和,专一性高,环保等优点而备受研究人员关注,企业大规模制备低聚糖时,广泛采用酶解法。酶解法在制备甘露低聚糖过程中,以甘露聚糖为底物,利用 β-甘露聚糖酶可将甘露聚糖降解为甘露低聚糖。其中,β-甘露聚糖酶由内切甘露聚糖酶（β-mannanase,EC3.2.1.78）以及 β-甘露糖苷酶（β-mannosidase,EC3.2.1.25）组成。内切甘露聚糖酶可以将甘露聚糖主链断裂形成低分子量的甘露聚糖,而 β-甘露糖苷酶可以将低分子量的甘露聚糖进一步分解成单糖。因此,在甘露低聚糖的酶解法制备过程中,需要尽可能降低 β-甘露糖苷酶的活性,以减少甘露单糖含量,并提升其低聚糖得率。此外,甘露聚糖酶与甘露聚糖主链结合时,支链将造成空间位阻,从而影响酶与底物的结合,降低酶解效率。

在大规模生产 β-甘露糖苷酶中,一般采用微生物以达到良好的生产效果。自然界分泌 β-甘露糖苷酶的微生物主要包括里氏木霉、黑曲霉、芽孢杆菌、放线菌等。研究发现,利用黑曲霉源 β-甘露糖苷酶降解葫芦巴半乳甘露聚糖,所得半乳甘露低聚糖分子量为 1.8×10^3 Da,且相较于酸解法降解,半乳甘露低聚糖重均分子量更低(硫酸降解:5.9×10^4 Da;盐酸降解:$2.0 \times 10^5 \sim 1.8 \times 10^6$ Da)。

酶解法具有专一性、高效性和可控性等特点,且对自然环境友好。虽然酶解法存在成本高、稳定性需要控制等问题,但生物酶降解多糖的工艺适用于规模化生产,因此,批量生产低聚糖仍多以酶解法制备为主。工业上已经通过木聚糖酶定向水解玉米芯制取获得低聚木糖,此外稻壳、甘蔗渣、麦麸等都可以用来提取木聚糖。

(7)微生物发酵法。微生物发酵法因其安全性较高、效率高且成本低,所以在功能性低聚糖的生产方法中具有较好的发展前景。微生物发酵法是在底物中加入能将其合成为功能性低聚糖的微生物或能够降解天然多糖生产功能性低聚糖的微生物来获得功能性低聚糖的方法。这一步骤省去了生产或者合成酶的过程,具有与酶法生产相似的优点,也降低了产糖成本。现在已研究的具有提取功能性低聚糖能力的发酵菌种有灵芝、绿色木霉、黑曲霉、粗壮脉纹孢菌、裂褶菌等菌种,发酵产糖的菌种可选择性多。在草石蚕原料中接种0.01%黑曲霉和0.01%乳杆菌的混菌进行发酵,后经精制纯化后获得了纯度高达78.13%的水苏糖。

目前微生物发酵法还需要进一步研究,这种微生物发酵法会产生大量无益成分,增加了分离纯化的难度,这些成分还可能抑制酶的活性,降低功能性低聚糖产率,因此要寻找合适的发酵菌株与发酵条件,高产功能性低聚糖的同时减少无益成分的产生。微生物发酵法通过微生物产生水解酶降解木质纤维素来获得纤维低聚糖和不同低聚戊糖等功能性低聚糖,可以实现农业废料的回收利用和功能性低聚糖的生产。但是木质纤维素结构的顽固性会导致酶降解的效率降低,在长时间的发酵中可能产量较低。如果添加了葡萄糖等糖类作为碳源,会导致获得的功能性低聚糖中混合了大量未利用碳源,导致后续分离出现困难,也会让微生物对木质纤维素原料利用率下降。此外,微生物本身会利用降解产生的糖类物质作为自己生长发育所需的碳源,这会导致产量进一步地下降。

6.2.1.2 多糖和低聚糖的分离纯化

采用酶法降解多糖时,所获酶解液中除低聚糖外,还含有蛋白、色素等大分子物质。为去除杂质,通过纯化技术去除其中的蛋白、色素、单糖等物质,以提高酶解液中的低聚糖纯度。

(1)蛋白脱除。植物来源的多糖素有生物活性,其中蛋白质是多糖的组成之一。然而在多糖的应用过程中,为避免潜在的过敏风险,通常需要去除其中的蛋白质。目前常用的蛋白脱除方法包括 Sevage 法、三氯乙酸(TCA)法、酶法、树脂法以及三氟三氯乙烷法等。在这些方法中,Sevage 法温和,其处理后的多糖连接键破坏程度较低,但该方法操作繁琐,同时糖损率较高。植物多糖常采用 TCA 法脱除蛋白,但由于该方法条件剧烈,酸浓度需加以严格控制,以避免多糖失活的风险。酶法脱除蛋白则通过蛋白酶对蛋白进行分解,然而采用该方法可能会引入新的外源蛋白。为尽可能提高蛋白脱除率并降低糖损率,在实验中,多种方法可联合使用以去除蛋白。

(2)色素脱除。在以酶法制备低聚糖的过程中,原料和酶液往往含有大量色素,这些色素会影响低聚糖的纯度。为了提高低聚糖的质量,需采用色素脱除技术。常见的色素脱除方法有吸附法、氧化法、离子交换法以及活性炭法。氧化法采用过氧化氢作为脱色剂,通常在低温和弱碱性条件下进行脱色以降低糖损率。另一方面,吸附法一般采用树脂颗粒吸附色素,可通过静态或列装柱的方式进行色素脱除操作。值得注意的是,不同的色素脱除方法对于不同类型的色素都具有不同的选择性和效率。在实际应用中,可根据不同的色素及其浓度选择合适的色素脱除方法,并针对具体情况进行优化,以最大化提高低聚糖的纯度。

(3)单糖脱除。在以低聚糖作为碳源进行肠道菌群的厌氧实验中,为避免单糖在实验中对菌群吸收和利用低聚糖的过程造成干扰,常需要去除其中的单糖。常用的单糖脱除方法包括微生物法及透析法等。微生物法一般采用酿酒酵母去除单糖,通过活化和增殖酵母,并进行离心沉淀的方法,将酵母作为脱除单糖的工具添加至酶解液中。需注意,在使用该方法时,蛋白脱除程序须在其之后进行,以避免增加蛋白质的含量。另一方面,透析法则主要通过选用不同的透析袋分子量截留规格完成单糖的脱除,在使用透析袋之前,需对其进行沸水处理 0.5h。此外,透析袋可反复使用,但需注意使用前后的清洗,并可添加防腐剂并置于冰箱冷藏以防止其干燥和细菌的滋生。

6.2.1.3 功能性低聚糖的应用

功能性低聚糖具有多种特殊生理活性,如免疫调节、抗炎活性、促进营养物质吸收、降低胆固醇、保护肝功能、缓解乳糖不耐受和调节肠道渗透压,因此,功能性低聚糖应用前景广阔,已被广泛应用于功能性食品中,此外在药品、饲料中也有诸多应用。

(1)功能性低聚糖在医药行业中的应用。

功能性低聚糖因其具有多种特殊生理活性,可以在诸多病症中起到预防或治疗的作用。人体肠道生态环境对人的身体健康影响显著,功能性低聚糖可以通过调节肠道菌群,刺激益生菌的增长,抑制腐败菌的形成,进而改善肠道生态环境,预防或治疗很多肠道疾病。益生菌中的双歧杆菌和乳酸菌可以利用低聚糖代谢产生大量醋酸和乳酸等短链脂肪酸,促进肠道蠕动、增加粪便湿润度,对便秘有比较好的治疗效果。功能性低聚糖具有的免疫调节能力也可以辅助治疗诸多病症,到达肠道后可通过促进抗体形成和细胞因子释放来增强机体免疫功能,也可作为一种新型的生物制剂来缓解肠道黏膜免疫系统异常导致的肠道发炎反应。此外,功能性低聚糖也具有多种抗糖尿病作用机制,没有常用糖尿病药物的副作用,因此也是一种潜力极大的降糖药物替代品。例如甘露糖醇分子量较小,可作为注射液使用,有减轻脑水肿、降低颅内压等作用,可用于治疗急性青光眼。由于甘露糖醇口服后在肠胃中不吸收,使得胃肠道内渗透压升高,可以作为治疗胃炎的辅助药物。同时,胰岛素不参与机体内甘露糖醇的代谢,多用于糖尿病人的甜味剂。甘露糖醇能够治疗新生儿缺氧缺血性脑病(HIE),清除氧自由基对脑细胞的损伤,平稳降低颅内压,降低病死率和致残率。

(2)功能性糖在动物生产中的应用。

①功能性糖在单胃动物中的应用。功能性糖在单胃动物中的应用研究主要集中在猪和家禽方面,在生长性能、肠道功能及黏膜形态、消化酶活性、免疫抗氧化等方面成果较多。研究表明:在蛋鸡饲粮中添加甘露低聚糖可降低蛋鸡的饲料消耗和总排放强度,提高蛋鸡产蛋率;苹果寡糖(APO)可以促进蛋鸡胃肠功能和免疫功能,从而提高生产性能;壳聚糖(COS)可以降低十二指肠和空肠的相对重量、十二指肠、空肠和回肠的相对长度、回肠绒毛高度与隐窝深度比、十二指肠黏膜 CAT 活性、空肠黏膜 GSH-Px 和 CAT 活性;在断奶仔猪日粮中添加异麦芽低聚糖、低聚木糖、甘露寡糖都可以降低断奶仔猪的腹泻率,促进断奶仔猪的生长;在猪日粮中添加大豆寡糖可以显著提高血清中生长激素和甲状腺激素 T3 水平,提高两组血清中免疫球蛋白(IgA、IgG 和 IgM)浓度、总抗氧化能力和超氧化物歧化酶均显著升高。同时,处理后的猪粪

臭化合物显著减少；功能性低聚糖对妊娠母猪生产性能、血清代谢产物及血清和胎盘氧化状态也有正向的影响。

②功能性糖在反刍动物中的应用。近年来，功能性低聚糖在反刍动物中研究较广。研究表明：纤维寡糖对犊牛生产性能影响较小，但有调节肠道细菌群落的作用；在奶山羊饲粮中添加 1.2% 低聚果糖可显著提高奶山羊瘤胃内纤维素分解菌及真菌的数量，提高粗饲料的瘤胃降解率；低聚木糖能降低犊牛的腹泻率、血清中尿素氮的含量，同时能提高免疫球蛋白的含量，增强犊牛的免疫能力；在断奶羔羊饲粮中添加低聚果糖，断奶羔羊的体重显著增加，粪便中细菌的多样性降低，双歧杆菌、乳杆菌的丰富度显著增高。

③功能性糖在水产养殖中的应用。功能性低聚糖可作为抗冻剂在冷冻鱼类运输过程中使用。研究表明：在冻藏鱼糜中添加大豆低聚糖作为抗冻剂，可以有效延缓鱼糜肌原纤维蛋白冷冻变形，维持鱼糜凝胶的白度和感官品质，延长鱼糜的新鲜度时间；在饲料中添加低聚糖可以有效改变饲料的理化特性，降低饲料的沉降速度，增强水中稳定性及水分吸附能力，同时，提高小龙虾对饲料干物质的消化率，氨基酸和还原糖含量均呈上升趋势，促进饲料中营养物质的吸收和利用；适量的大豆低聚糖能改善机体消化生理和抗氧化能力，并提高仿刺参的生长性能，提高刺参肠道蛋白酶、脂肪酶、淀粉酶活性；低聚糖也可作为虾类保鲜剂使用；壳寡糖具有抗菌抗氧化特性，可抑制腐败菌的生长，延长虾肉保鲜时间。

④功能性糖在啮齿动物中的应用。研究表明：牛蒡低聚糖 GF13 对荷瘤大鼠的血糖具有双向调节、维持稳定的作用，同时又不影响其正常血糖水平；GOS 与菊粉混合益生元能显著提高围产期和断奶后期小鼠小肠内 IFN-γ、TGF-β 以及 IgA 的含量，以及显著增强小鼠幼鼠肠道内 IL-10、IgA 和 IgG 的基因表达水平；龙须菜寡糖可以显著降低致敏小鼠血清中 IgE 和 IgG 的含量，但 IgG 的含量显著升高；同时能够抑制 Th2 细胞因子分泌 IL-4、IL-5、IL-13 等促炎因子，促进 Th1 细胞因子分泌 IFN-γ，从而增强小鼠的机体免疫力；给小鼠饲喂枸杞低聚糖，可以提高小鼠的体外消化性、抗氧化活性、增殖肠道益生菌和抑制致病菌生长等生理活性。

（3）功能性低聚糖在食品中的应用。

①婴幼儿配方食品。由于一些家庭无法保证充足的母乳喂养，导致

婴幼儿使用配方奶粉需求很大,而功能性低聚糖可以作为功能性添加剂加入到配方奶粉中。添加功能性低聚糖(如低聚果糖和低聚乳糖)到配方奶粉中,模拟母乳成分,具有和母乳类似的作用效果,也可以提高婴幼儿免疫力,有助于婴幼儿的成长发育。

②饮料和乳制品。功能性低聚糖可溶于水的性质,导致其在饮料和乳制品的应用上没有壁垒,仅需考虑功能性应用和食品安全上的问题。此外功能性低聚糖能够促进钙、镁、锌、铁等矿物元素的吸收,并具有改善人体疲劳的功能,因此备受具有保健功能的饮料和乳制品的青睐。功能性低聚糖在饮料中的应用主要集中在抗疲劳运动营养型产品方面。另外功能性低聚糖的低甜度、低热值和可溶于水的优点,是非常健康的饮料添加剂,随着人们对饮料健康的需求逐渐增加,功能性低聚糖对饮料的发展意义重大。在乳品中添加功能性低聚糖,可有效地调节生物体肠道菌群的结构及比例平衡,并可以有效缓解乳糖不耐受的情况,功能性低聚糖已经作为一种益生元在各种发酵乳制品中广泛应用。

③烘焙食品。功能性低聚糖可以添加到饼干、面包、麦片中进行应用,且基本不会对原本感官带来不良影响,较低的热值和甜度也使其可以更大量地添加。并且有的低聚糖在烘焙过程中可以带来良好的风味,如低聚半乳糖和蛋白质产生美拉德反应增添风味。此外,功能性低聚糖对于烘焙食品的质构也有一定改善作用,如在干酪中加入低聚果糖能生产出结构更紧密的奶酪。这种添加了功能性低聚糖的烘焙食品,也可以作为减肥保健食品来食用,在拥有甜味口感的同时也减少了食用者的热量摄入。

(4)功能性低聚糖应用展望。由于功能性低聚糖的来源和生产方式不同,会给产品带来不稳定性,其产物的纯度、杂质含量区别很大,因此需要出台一系列行业标准来规范进一步的应用,确定一系列功能性低聚糖的安全使用剂量。此外,更深入地研究功能性低聚糖对生物作用情况,加强机理研究,以确保功能性低聚糖可以精准地应用于不同领域。随着人们对健康的需求日益提升,功能性低聚糖的前景越来越广阔,再加上其应用上十分便捷,未来可以开发出更多功能性低聚糖产品。

6.2.2 低聚木糖的制备及应用

低聚木糖又称木寡糖,源自木聚糖水解,通常由 2～10 个木糖分子

以 β-1,4 糖苷键链接而成。

6.2.2.1 低聚木糖的制备方法

低聚木糖主要有以下几种制备方法,包括微波水解法、高温自水解法、酶水解法、酸水解法。微波水解法通过微波加热的方式,使得 β-1,4 糖苷键断裂形成聚合度低的低聚木糖。微波辅助法简便快捷,对环境污染较小,但是设备成本投入太多,因此其通常会作为一种辅助方法和其他方法联用。高温水解法通过高温高压的条件使得乙酰基从木聚糖中脱除,进而生成乙酸,同时还会生成水合氢离子。水合氢离子和乙酸的进攻性导致 β-1,4 糖苷键的断裂,形成低聚合度的低聚木糖。此方法生产成本低,操作简便,但是对设备会产生一定的腐蚀性。酶水解法能够高效可控地降低低聚木糖的聚合度,其主要通过内切木聚糖酶对 β-1,4 糖苷键的特异性切除来降低木聚糖的聚合度,形成低聚木糖。此方法效率高,生产环境要求低,但是酶的成本可能会影响低聚木糖生产收益。酸解法同样是高效的制备方法,其利用氢离子对 β-1,4 糖苷键的破坏,使得木聚糖聚合度降低形成低聚木糖。但是该方法需要考虑额外的生产成本,同时会造成环境污染。

6.2.2.2 低聚木糖的应用

低聚木糖很难被人体消化酶分解,各种实验表明:各种消化液几乎都不能分解低聚木糖。同时其在被摄入人体后,不但血糖和胰岛素的浓度不受影响,并且也不会造成脂肪的增加。所以,低聚木糖可以在食品行业发挥有效的作用,可以满足人们对甜品的需求,同时避免了血糖升高和肥胖的隐患。在饮料开发过程中,XOS 能够在饮料中发挥稳定的风味调节作用。在蛋糕配方的开发中发现,低聚木糖可以降低蛋糕热量的同时,调节蛋糕的口感;在饼干的生产过程中,低聚木糖可以赋予饼干鲜艳的色泽,降低产品热量,延长产品货架期。和其他功能性低聚糖相比,低聚木糖的稳定性好、热量低,并且在 pH 2.5 ~ 8.0 范围内均能够保持有效活性。低聚木糖除了在食品行业有着广泛的应用,在养殖业、医药领域、保健品研发领域同样有着重要价值。

低聚木糖已被证实是具有益生功能的低聚寡糖,其对人体肠道健康有积极影响。低聚木糖可以有效地调节人体肠道菌群结构,例如 XOS 对双歧杆菌、乳酸杆菌的增殖有显著的促进作用,对大肠杆菌的增殖有显著的抑制作用。低聚木糖还能够抑制有害细菌在肠道中的定殖,有利于肠道内毒素清除和有害物质排出,减少肝脏负担。

6.2.3 壳寡糖的制备及应用

壳寡糖(Chitosan oligosaccharide,COS)是一种由 β-(1-4)糖甘键连接的 D-葡糖胺的聚合物,是壳聚糖(Chitosan)的水溶性衍生物。壳寡糖具有多种生物活性,如抗氧化、抗炎、抗肿瘤、降血糖、调节免疫等作用。因此,壳寡糖在生物医药、食品、农业等领域具有广泛的应用前景。

6.2.3.1 壳寡糖的制备

(1)酶解法。酶解法是一种反应条件较为温和的方法,通常在常温、常压和中性 pH 环境下催化反应地进行,很少使用对环境有害的试剂,生成的产物供人们安全使用,因而产物可被用于农业、生物技术和生物医学等多个领域。与此同时,随着遗传学、蛋白质工程和生物信息学等生物技术的发展,酶在许多工业过程中的应用开启了新时代。在过去的几十年里,酶法降解 CI 和 CS 已被认为是一种十分具有发展前景的方法。目前,用于水解 CI 和 CS 的酶分为专一性酶和非专一性酶。专一性酶包括几丁质酶和壳聚糖酶等,而非专一性酶包括纤维素酶、溶菌酶、果胶酶、蛋白酶、脂肪酶和胃蛋白酶等。

(2)物理法。用于制备 COS 的物理法包括紫外辐射、超声破碎和微波处理等。Xing 等采用微波辐射法(80℃,800W,辐射时间 25min)制备的 COS 聚合度为 2~6,并且具有免疫调节活性。Wu 等利用涡轮空化装置进行旋流空化降解 CS,反应条件经优化后 CS 的结晶度降低了 83.65%,溶解性得到极大的增强。Margoutidis 等利用球磨机使 CI 的结晶度降低 50%,并且添加天然黏土高岭石可以使 CI 的溶解度增加 1 倍,获得的产物为 GlcNAc 和(GlcNAc)$_2$。物理法操作相对简单,但是获得的产物产量较低,且降解程度有限,进而限制了其大规模生产,无法产生较大的社会经济效益。

（3）化学法。目前,用于水解 CS 制备 COS 的化学试剂有酸(如盐酸、亚硝酸和磷酸)和氧化还原剂(如过氧化氢、臭氧和次氯酸)。酸性溶液中的氢离子能够与 CS 分子中的游离氨基结合,使得 CS 的分子间氢键断裂,从而获得 DP 不等的 COS。有研究者研究了盐酸对 CS 的降解作用,在 60℃下、以 9mol/L 的盐酸降解 CS 后获得的主要产物为壳五糖和壳六糖,其总产量为 16.2%。氧化剂在水溶液中形成的游离自由基可以断裂 CS 的糖苷键,进而形成 DP 不等的 COS。如焦富颖利用 H_2O_2 降解 CS 制备 COS,在最优反应条件下,即 0.5wt% 壳聚糖,8vol%H_2O_2,反应时间 5h,反应温度 50℃,产物的分子量在 2000Da 左右,收率为 85%。化学法制备 COS 操作简单,但是降解产物的 DP 范围分布广泛,产量低。使用酸性溶液制备 COS 时,生成的产物安全性低,生成的二级产物难以分离,残留酸和由此产生的有毒废弃物后续处理复杂,易造成环境污染。使用氧化剂降解 CS 时,若氧化剂浓度或反应温度过高,会导致 CS 水解过度,产物的氨基损失较多,颜色也会由于褐变而加深,使得品质下降。因此,CS 经氧化剂部分降解后,需结合后续的分离纯化过程以得到高品质的 COS。

此外,电化学法也被报道用于制备 COS。通常来讲,电极材料基本分为两种类型,一种为活性电极(如 Ti/TiO_2–RuO_2 电极),另一种为非活性电极(如 Ti/Sb–SnO_2 电极)。Cai 等利用 Ti/TiO_2–RuO_2 电极降解 CS,CS 的分子量随着电流密度的增加而降低。当电流密度增大至 160mA/cm^2 时,处理 1h 后 CS 的黏均分子量由 491kDa 降低至 33kDa。

（4）化学–酶法。单一法制备 COS 会存在一定的不足,如酶解法无法高效水解 CI 致密的结晶结构,多数情况下需要将 CI 制备成胶体 CI。通过化学法预处理 CI 能够提高酶解效率,起到"1+1>2"的效果。郑必胜等在 60℃下用过氧化氢(4%,w/v)、乙酸(4%,w/v)预处理脱乙酰度为 96.7% 的 CS,使得 CS 的表面结构被破坏,孔隙增多,获得 DP<10 的 COS,产率约为 62%。利用氢氧化钾(11.2% ～ 20%)水溶液或氢氧化钾(11.2% ～ 20%)–尿素(4%)水溶液预处理 CI,结果表明,CI 经预处理后酶解效率显著提高,COS 产率约为 70%。

上述用于预处理 CI 的化学试剂为强酸或强碱试剂,反应条件苛刻,对环境不友好。为了满足绿色化工的生产理念,亟需绿色、温和的溶剂来替代上述化学试剂。离子液体(Ionicliquids,ILs)是一种在室温下以液体形式存在的离子化合物,具有熔点低、稳定性高、无挥发性、可回收等特点,因而对环境的化学污染较小。ILs能够溶解天然聚合物,如CI或纤维素。几丁质经ILs预处理并再生后,氢键网络发生重排,表面结构被破坏,结晶度降低。因此,研究者们构建了基于ILs和几丁质酶的化学－酶法降解几丁质制备单糖和寡糖。尽管ILs被称为"绿色溶剂",但是其对水生和陆地生态系统的影响还有待评估。

6.2.3.2 壳寡糖的纯化

通过酶法、化学法或协同法降解CI或CS后获得的产物通常为单体、低聚物或同分异构体的混合物,产物的分子量和DP分布较宽。为了更好地揭示COS的构效关系以及满足生物医学和食品加工业对其纯度和质量的要求,选择合适的方法从混合物中分离和鉴定所需要的COS至关重要。由于COS分子中含有较多的氨基和羟基,并且存在较强的分子间或分子内作用力,因而增加了分离纯化的难度。

(1)超滤法。利用膜生物反应器超滤提纯COS是较为常见的方法,具有操作简便、绿色环保、成本低等优点。影响COS回收率的因素包括膜的类型、操作温度、进料溶液的pH和溶液的浓度。采用截留分子量为3kDa的超滤膜制备膜生物反应器,当停留时间为50min时,高DP的COS(DP ≥ 5)产物纯度约为28%,当停留时间为100min时,高DP的COS(DP ≥ 5)产物纯度约为48%。利用电渗析和超滤联合法分离纯化DP为2～4的COS混合物,研究发现,二聚体在不同的pH下均能达到最佳纯化效果,其次是三聚体,最后是四聚体。根据处理时间的不同,在pH6的条件下可以将二聚体和三聚体分离出来,或者在pH7条件下仅将二聚体分离出来。仲伟伟等选用截留分子量为10kDa的卷式超滤膜对COS粗品进行超滤,超滤所得样品纯度为78.58%。在35℃下采用2.5kDa的超滤膜截留DP为2～6的COS,最终目标产物的纯度高达93.88%。膜生物反应器易于操作,通过截留分子大小的方式可以有效地提高产物纯度,更好地达到分离纯化的目的。

(2)色谱法。色谱法纯化COS包括离子交换色谱(Ion Exchange,IEC)法、薄层色谱(Thin Layer Chromatography,TLC)法和高效液相色谱(High Performance Liquid Chromatography,HPLC)法等。IEC法是利用被分离组分与固定相之间发生离子交换的能力差异来实现分离的方法,一般选择离子交换树脂作为固定相。We等利用CM－葡聚糖凝胶 C-25 柱对不同 DA 的壳六糖成功进行了分离纯化,可得到纯度高达 93% 的壳六糖。TLC 法是利用各组分对同一吸附剂吸附能力不同,在流动相(溶剂)流过固定相(吸附剂)不断发生吸附—解吸过程中将各组分分离。该法以相对较低的成本,基于 DP 对低聚物混合物进行分析。Chen 等在硅胶板上以甲醛:甲醇:25% 氨水:水 = 5:10:1.5:1(v/v/v/v)混合试剂作为展开剂成功分离出 GlcN, Bao 等以正丁醇:乙酸:水 =2:1:1(v/v/v)混合试剂作为展开剂在硅胶板上成功分离出 DP 为 1 ~ 6 的 COS。除此之外,已被报道用于分离 COS 的展开剂还有正丁醇:甲醇:25% 氨水:水 =5:4:2:1(v/v/v/v)、正丙醇:水:28% 氨水 =70:15:15(v/v/v)和正丁醇:水:乙酸:氨 =10:5:5:1(v/v/v/v)等。相较于 TLC 法,HPLC 法可以结合质谱法基于 DP 和 DA 进行精确分析。由于含有乙酰氨基,GlcNAc 在 204nm 处有最大紫外吸收。因此,配备紫外检测器的 HPLC 只能检测到部分乙酰化或完全乙酰化的 COS。除了紫外检测器外,也可以配备示差折光检测器对 COS 进行分析。严佳佳等利用色谱柱 SB-C18(4.6mm × 250mm,5μm)分离纯化得到了酶解产物中的 GlcN 和 GlcNAc, Li 等利用色谱柱 SugarPakI(6.5mm × 300mm)对酶解产物中的 GlcNAc 和(GlcNAc)$_2$ 进行分离纯化。此外,AminexHPX-87H(300mm × 7.8mm)、ShodexAsahipakNH2P-504E(4.6mm × 250mm)和 ShodexAsahipakNH2P-50E(4.6mm × 250mm)等色谱柱均被用于 COS 的分离纯化。

(3)其他分离纯化方法。活性炭因结构疏松多孔、表面积大而具有较强的吸附性,同时由于成本较低而被广泛应用。间歇模式实验探究了活性炭对 COS 吸附效率的影响因素。结果表明,活性炭颗粒越小对 COS 的吸附能力越强,pH 值为 8 ~ 9 时吸附量最大,在接触时间小于 60min 时随着接触时间的延长吸附量增大,而后达到吸附平衡状态,温度对活性炭吸附 COS 的能力无显著影响。毛细管电泳(Capillary Electrophoresis, CE)法也用于分离纯化 COS,仅需要少量的溶质和溶剂,分离时间短,分辨率高。然而,复杂的衍生化过程以及昂贵材料的使用使得该法经济成本较高。此外,基质辅助激光解吸电离飞行时间质谱(Matrix Assisted Laser Desorption Ionization Timeof Fligh Mass Spectrometry, MALDI-TOF-MS)技术是分析生物分子,如脂类、糖类、多肽和其他有机大分子的最合适的技术。但是,该方法不适合检测分子量低于

500Da 的样品。

6.2.3.3 壳寡糖的应用

（1）壳寡糖在食品加工贮藏领域的应用。COS 具有广泛的抗菌活性，可以抑制多种致病菌和腐败微生物的生长，因而已被用于食品防腐和果蔬保鲜。在酿酒过程中加入 500mg/L 的 COS（平均分子量 <2000Da，DP2 ~ 10）可以抑制腐败微生物的生长，但是对酿酒酵母的生长无影响。向生牛乳中添加 0.24%（wt%）COS 并置于 4℃下保存 12d，与未添加 COS 的对照组相比，其嗜热菌和嗜冷菌至少降低 3 个数量级。在面包中加入 1%（wt%）的 COS，面包中食源性病原菌及根霉菌的生长均受到抑制。COS 还具有良好的成膜特性，以浓度为 1.5g/100mL 的 COS（分子量 700Da 左右）溶液对鲜切苹果进行涂膜处理，菌落总数、霉菌、酵母菌和大肠菌群数明显低于对照组。COS 涂膜处理还能调控抑制鲜切苹果呼吸强度的增强，保持可溶性固形物和可滴定酸含量的稳定，防止失重率增加，减缓软化。

COS 具有抗氧化活性，可以改善食品品质，延长食品的货架期。向低筋小麦粉中加入 1%（wt%）的 COS 后，不仅能够改善饼干制品的组织结构，使酥性饼干断面结构气孔细密均匀，同时降低饼干的硬度和咀嚼性，提高饼干的酥松度，改善口感滋味。与此同时，COS 的加入使得饼干样品的酸价、过氧化值和 TBA 值降低，有效延缓了储藏期饼干的氧化酸败，延长了酥性饼干的保质期。以 4mg/mL 的 COS 溶液（DP2 ~ 4）对湘派休闲豆干进行涂膜处理，能有效延缓样品在常温贮藏过程中微生物的生长繁殖及品质劣变，使样品货架期延长 20d 以上。此外，COS 对食物在预处理过程中引起的多不饱和脂肪酸氧化有抑制作用，进而延长食物的货架期。

COS 可以改善贮藏过程中果皮活性氧的代谢情况，进而降低果皮褐变发病率。COS 具有良好的吸湿性、持水性和热稳定性，并且能够防止淀粉老化。制作海绵蛋糕时，向低筋小麦粉中加入 1%（wt%）的 COS（分子质量 <3000Da）有助于增加面糊的黏弹性以及降低面糊密度，可使蛋糕成品表面色泽均匀、组织细腻、有弹性、气孔均匀、滋味与口感良好。

（2）壳寡糖在医疗保健领域的应用。COS 具有多种生物活性，被肠上皮细胞吸收后可以到达身体的各个部位，进而发挥其生理功能。COS

已被批准为"新食品原料",因此,诸多含有 COS 成分的功能性食品已被开发,以期使得饮食干预成为治疗某些疾病的有效手段。研究发现,以 COS、海洋鱼低聚肽、樱桃粉、茯苓粉为主要成分的复合固体饮料能够通过调节小鼠肠道菌群组成和短链脂肪酸水平改善高尿酸血症;含有 COS、白芸豆提取物、水苏糖、葡聚糖及亚麻籽油的复合固体饮料可以促进肠道内有益菌的生长与定植,降低条件致病菌的相对丰度,在提高肠道免疫力同时具有辅助治疗 2 型糖尿病的功效。

（3）壳寡糖在农业领域的应用。在农田中施加一定量的 COS 不仅可以起到抗病毒、抑菌的功效,还能在一定程度上调节植物的生长发育。在抗烟草花叶病毒的研究中发现,COS 可以提高叶片中多种防御酶的活性,不仅可以有效减少烟叶感染烟草花叶病毒的枯斑数,也可以降低已染病毒烟草中叶绿素的下降幅度。COS 在低温下可以使水稻的相对电导率显著降低,降低丙二醛对水稻的危害,进而减少低温对水稻幼苗的伤害。COS 也可以提高幼苗的抗旱能力,对提高作物的耐盐能力有一定的效果。

6.2.4 果胶低聚糖的制备及应用

果胶低聚糖（Pectinoligosaccharides,POS）是指由果胶物质解聚获得的聚合度为 2 ～ 10 或 2 ～ 20,分子量在 200 ～ 3000Da 范围内的一类低分子量糖类。由于果胶多糖结构复杂、支链繁多,衍生出的果胶低聚糖种类也是多样的,包括来源于 HG 结构域的低聚半乳糖醛酸（Oligogalacturonides,OGalA）、来源于 XG 结构域的低聚木糖半乳糖醛酸（Xylooligogalacuronides,XylOGalA）以及来源于 RG-I 结构域的低聚半乳糖（Galactooligosaccharides,GalOS）、低聚阿拉伯糖（Arabinooligosaccharides,AraOS）和低聚阿拉伯糖半乳糖（Arabinogalactooligosaccharides,AraGalOS）等。研究发现,功能性低聚糖能够抵抗人体口腔和胃中的相关消化酶作用,可以直接进入结肠。在结肠中,功能性低聚糖特异性地促进有益菌的生长,从而发挥其益生活性。因此,相较于果胶多糖,果胶低聚糖在食品、饲料和医药行业有着更广阔的应用前景。

6.2.4.1 果胶低聚糖的制备方法

目前报道的制备果胶低聚糖的方法主要分为三种：化学降解法（酸、碱降解等），物理降解法（超声波、微波降解等）和生物降解法（酶水解）。

（1）化学降解法。化学法是最常见的降解多糖的方式，一般通过强酸或强碱溶液在高温条件下对果胶分子的主链和侧链进行裂解，以降低其分子量。在碱性条件下，果胶多糖易发生 β 消除和脱酯反应，从而使得 HG 结构域的糖苷键发生断裂生成低分子量的聚半乳糖醛酸。研究发现，经氢氧化钠和氢氧化钾改性处理后，橙皮果胶的分子链发生解聚，其酯化程度也接近于零。酸水解在化学降解过程中的效果要比碱处理更为突出，常用的强酸溶液包括盐酸、硫酸、硝酸和三氟乙酸等。已有研究证实，相较于聚半乳糖醛酸主链，果胶多糖的中性糖侧链结构更容易被酸水解，尤其是半乳聚糖和阿拉伯聚糖链。在 80℃ 下利用盐酸溶液处理柑橘果胶 12h 后，经检测发现酸法降解的果胶中完全没有中性糖侧链，其半乳糖醛酸的含量高达 86.67%。

果胶多糖被过度水解，会造成大量单糖产物的堆积，增加后续低聚糖分离纯化的成本。另外，酸碱等化学试剂的使用还会产生大量废水，一旦处理不好会对周遭环境造成严重污染，因此化学法制备果胶低聚糖的工业应用前景不大。

（2）物理降解法。相较于反应剧烈的化学法，物理降解如超声波、微波和辐射等技术也是目前制备果胶低聚糖的主流选择。超声波主要是通过机械效应和空化作用使大分子物质发生解聚；微波一般通过分子间振动产生热效应，进而导致多糖分子间的糖苷键断裂；辐射技术是利用电离作用裂解聚合物的主链，降低其分子量。综合前人的研究，超声波和微波等物理降解技术随机性较大，产生的多糖片段分子量大小不一，难以获得符合标准的低聚糖产品。因此，通常情况下，物理降解手段仅用于果胶多糖的提取和预处理，或与酸法、酶法联合使用。利用超声波辅助果胶酶水解技术制备果胶低聚糖，与单独酶解相比，果胶多糖经超声波处理后更容易被聚半乳糖醛酸酶和果胶裂解酶水解，说明超声技术存在协同效应，能够增强果胶酶的有效活性。

物理法虽然绿色无污染，但这些技术对仪器的稳定性能要求极高，目前仅适用于实验室研究,无法应用到工业上。

(3)生物降解法。进行选择性降解。目前,大多数低聚糖产品是通过生物酶法获得的,如低聚木糖可通过木聚糖酶制备、低聚半乳糖可通过 β- 半乳糖营酶制备、低聚果糖可通过菊粉酶制备等。生物酶法条件温和可控,产物单一、提取率高,绿色环保,是制备果胶低聚糖最有前景的工业化生产方法。在山植果胶多糖的酶法改性研究中发现,分别经果胶水解酶、果胶裂解酶和果胶酯酶等降解处理后的果胶样品酯化度和分子量均低于原始果胶,且各改性样品的抗氧化活性也发生了显著变化。利用真菌来源的双功能果胶酶水解相橘皮和苹果渣果胶,发现制备出的果胶低聚糖对金黄色葡萄球菌、大肠杆菌和鼠伤寒沙门氏菌等表现出较强的抑菌活性。采用果胶裂解酶酶解橘皮果渣,经分离纯化后获得不同分子量的果胶低聚糖,其中分子量在 $1000 \sim 3000Da$ 范围内的低聚糖样品在抑制枯草芽孢杆菌等有害菌活性方面具有最显著的效果。

鉴于果胶多糖的复杂结构,能够作用于果胶的酶制剂种类有很多,因此果胶酶是降解果胶多糖的一系列酶的总称,属于多组分复合酶。果胶酶来源广泛,除高等植物外,在众多真菌、细菌甚至是昆虫中均能获得。目前,在工业上大多数果胶降解酶是由真菌发酵生产的,其中被美国食品药物管理局认证为人体安全菌的黑曲霉是生产果胶酶制剂的常用菌株。天然来源的果胶降解酶主要分为两大类,一是利用脱酯反应催化果胶降解的果胶酯酶(Pectinesterase, EC3.1.1.11),通常作用于果胶侧链上的甲氧基和乙酰基,能够催化高酯果胶特异性去酯化和脱乙酰,一般用作辅助酶;二是通过解聚反应催化果胶降解的果胶水解酶(Polygalacturonase, EC3.2.1.15)和果胶裂解酶(Pectinlyase, EC4.2.2.10),其中水解酶能够催化果胶聚半乳糖醛酸结构单元上的 α-1,4 糖苷键水解断裂,而裂解酶主要通过 β- 反式消除反应破坏果胶链上的糖苷键。

依据作用位点的不同,水解酶和裂解酶又分别包括内切酶和外切酶。其中,内切水解酶和裂解酶是随机地切断 α-1,4 糖苷键,主要将果胶降解成不同聚合度大小的短链结构,而外切酶是从果胶链的非还原端逐个断裂糖苷键,从而释放单糖物质。在天然来源果胶酶降解果胶多糖制备低聚糖的过程中,内切酶首先会随机水解果胶链中的糖苷键,生成一系列不同分子量大小的低聚糖和短链聚糖物质,接着在外切酶的作用下,低聚糖和短链聚糖会被进一步降解成单糖,这证实了酶解体系中外切酶的存在不利于果胶低聚糖的累积。因此,在以制备果胶低聚糖为目标的酶解研究中,只有尽可能地降低果胶酶体系中外切酶的活性,才能够保证较高的果胶低聚糖得率。

综上所述,利用生物酶法制备果胶低聚糖成功的关键是要先获得低外切酶活力的果胶水解酶组分。

6.2.4.2 果胶低聚糖的分离纯化

果胶多糖一般来源于柑橘皮、苹果渣等成分复杂的农林废弃物,这就导致果胶的水解产物中除果胶低聚糖外,还会出现多种其他化合物,如未降解完全的果胶物质、低分子量果胶、单糖、色素和蛋白质等。因此,由果胶制备单一组分果胶低聚糖还需要进一步地分离和纯化。目前关于功能性低聚糖的纯化方法主要包含色谱分离法、膜分离法、微生物发酵法和有机溶剂沉淀法。

(1)色谱分离法。色谱法是一种利用混合物中各组分在固定相上分配系数不同而达到分离的技术,根据分离原理的差异可分为凝胶渗透色谱、离子交换色谱和吸附色谱等。凝胶渗透色谱又称尺寸排阻色谱,一般根据样品的分子量差异进行分离;离子交换色谱主要依据混合物中各组分的电荷差异;吸附色谱则是利用固定相对样品的吸附能力不同实现分离。有研究者利用葡聚糖凝胶柱 G-25、G-75 和 CL-6B 在 0.15mol/L 氯化钠的线性梯度洗脱下,从人参果胶的酶水解液中成功分离出了 5 个来源于 I 型鼠李糖聚半乳糖醛酸结构域的低聚糖级分,重均分子量在 4 ~ 60kDa 范围内。通过配备有 HR16/10 柱和紫外检测器的阴离子交换色谱,在甲酸铵的线性梯度洗脱下,从甜菜果胶酶解液中纯化出一系列果胶低聚物,包括七种聚合度为 2 ~ 8 的低聚半乳糖醛酸和六种聚合度为 4 ~ 6 的 I 型低聚鼠李糖半乳糖醛酸。

色谱法分离效率高、选择性好,即使是微量样品也能有效去除杂质,达到高精度的分离效果,属于实验室规模的理想分离纯化手段。但色谱法中使用的色谱柱、检测器等设备太过昂贵,对操作条件要求严苛,同时需要消耗大量洗脱液,并不适用于工业上的大规模生产,因此目前色谱分离技术在低聚糖研究中多用于分子量测定和糖基组成分析。

(2)膜分离法。膜分离法是一种利用不同孔径大小的半透膜分离混合物中各组分的技术,其中超滤膜和纳滤膜分别用于大分子和小分子物质的分离纯化,在食品和制药工业中具有广阔的应用前景。利用膜过滤技术(超滤膜和纳滤膜)对魔芋精粉的酶解液进行分离,结果发现魔芋寡糖的回收率高达 86%,其分子量在 100 ~ 5000Da 范围内。有研究者先采用 50kDa 的超滤膜从果胶酶解液中分离出大分子量果胶多糖,再通过 15kDa 的纳滤膜洗去滤液中的半乳糖醛酸单糖,最终获得以二聚体至五聚体为主的果胶低聚糖产品。

　　膜分离技术工艺简单、操作方便,纯化的同时还能很好地对产品进行浓缩,但该技术对膜材质的要求较高,过冷过热、过酸过碱的环境都会影响膜的性质,因此使用范围受限。另外,膜在使用过程中极易被污染,需要经过烦琐的清洗才能保持最佳的分离效果。

　　(3)微生物发酵法。微生物发酵法是功能性低聚糖特有的纯化手段,主要利用其难以被微生物分解吸收的特点,选择合适的菌种代谢掉单糖等非功能性糖成分,从而达到分离纯化的效果。研究发现,通过马克斯克鲁维酵母(*Kluyveromyces Marxianus*)选择性发酵低聚半乳糖原料,可有效地除去培养基中的单糖和二糖,获得纯度高达 95% 的低聚半乳糖(以三糖和四糖为主)。通过米曲霉源 $\beta-$ 半乳糖苷酶和酿酒酵母的组合生物催化剂,并利用乳糖同时合成和纯化制备出低聚半乳糖,其中酿酒酵母能够消耗掉低聚糖合成过程中残留的大量未及时反应的葡萄糖和半乳糖杂质。

　　该方法虽然绿色环保、简单易行,但是果胶解聚制备低聚糖过程中会产生多种单糖物质,筛选能够同时代谢利用半乳糖醛酸和其他中性糖的菌种需要花费大量时间,且微生物在利用非功能性糖成分时会产生乙醇等多种次级代谢产物,无疑又引入了新的杂质,进而增加了纯化成本。

　　(4)有机溶剂沉淀法。作为一种简单快速的纯化技术,有机溶剂沉淀法目前已广泛应用于多糖和低聚糖样品的大规模制备。在多糖水溶液中加入甲醇、乙醇、异丙醇和丙酮等有机溶剂能够显著降低溶剂的介电常数,从而中断多糖分子和水溶液之间的相互作用,促进水溶性聚合物的分子内缔合,以实现聚集和沉淀,达到分离的目的。研究表明,采用浓度为 30% 和 40% 的乙醇从决明子多糖的水溶液中沉淀出两种不同分子量范围的级分,其中浓度为 30% 的乙醇沉淀出的样品分子量明显大于浓度为 40% 的乙醇。分别使用乙醇和异丙醇从瓜尔豆胶中成功分馏出三种不同分子量的半乳甘露聚糖,经对比发现,由于两种溶剂的介电常数存在差异,在相同的沉淀效率下,异丙醇的使用量远低于乙醇。采用有机溶剂沉淀法从甜菜中提取果胶,对比一步乙醇沉淀与乙醇分级沉淀法,发现逐步将乙醇浓度从 50% 提高到 80% 能够从甜菜果胶水溶液中获得不同分子量的酸性提取物。

据报道,不同分子量大小的功能性糖样品在不同浓度的有机溶剂中具有不同的溶解度,且随着有机溶剂浓度的增加,沉淀物的分子量会越来越小。由此可见,相较于其他分离纯化法,有机溶剂沉淀是目前实现功能性低聚糖纯化的理想方式,该方法选择性高、过程可控,产物单一且容易分离,另外,溶剂挥发性好,不会残留在产品中,能够实现工业化的大批量生产。

针对功能性低聚糖的研究现状,缺乏科学准确的定量分析方法是目前制约低聚糖产业发展的一大因素。有研究者利用乙醇分级沉淀技术,对半乳甘露聚糖的酶解液进行了分离纯化,通过梯度增加体系中乙醇浓度,成功实现了不同分子量大小的多糖活性降解产物的沉淀,从而分离获得了一系列不同分子量的半乳甘露聚糖不完全降解产物。另外,结合稀酸水解手段和色谱技术对各分子量区间的半乳甘露聚糖酶解产物进行定量分析,开发了一套定量表征半乳甘露聚糖不完全降解产物的方法,这可为关于果胶低聚糖的定量表征提供参考。

6.2.4.3 果胶低聚糖的应用前景

在食品添加剂领域,功能性低聚糖虽然具有一般蔗糖所具备的甜度,但其热量极低还能抗龋齿,常被用来代替蔗糖等食用糖。如低聚麦芽糖、低聚果糖、低聚异麦芽糖和大豆低聚糖等,目前已在果蔬汁、碳酸饮料、糖果和糕点等各类食品中被广泛作为甜味剂使用。利用功能性低聚糖替代原本的白糖和人工甜味剂,不仅不会影响食物的风味,还能有效地预防过度肥胖和三高等疾病。功能性低聚糖不易被人体消化吸收,而是能够促进肠道益生菌的生长,通过调节肠道微生物的结构组成对机体发挥益生活性,常被作为"双歧因子"添加到牛奶、酸奶和乳酸菌饮品等乳制品中,可显著增加肠道中双歧杆菌的数量,促进肠道蠕动,从而解决中老年人和儿童在补充营养时易上火和便秘等问题。低聚半乳糖、甘露低聚糖和低聚果糖等,还被制成特定的保健食品和膳食补充剂,用来调节肠道菌群、增强人体免疫力、辅助控制血糖以及降低脂肪和胆固醇含量。

　　近年来,功能性低聚糖在饲料领域中的应用也越来越广泛。1950年以来,抗生素是饲料工业中最常见的添加剂,用来预防动物疾病、促进动物生长以及提高饲料转化率。但随着抗生素的滥用,动物肠道内不少细菌产生了耐药性,且由于抗生素会残留动物体内,逐渐对人类的健康产生威胁。目前许多国家在动物饲养中禁止抗生素的使用,一些绿色无毒具有潜在抗菌性的物质逐渐代替抗生素,其中功能性低聚糖是较为理想的替代品。功能性低聚糖除了能促进有益菌的增殖,还能显著抑制有害菌和病原体的生长。而在家畜饲养中,大肠杆菌、沙门氏杆菌、链球菌和葡萄球菌等是最常见的致病菌。研究发现果胶和聚半乳糖醛酸衍生的低聚糖对大肠杆菌和金黄色葡萄球菌有较强的抑制作用。在肉鸡日粮中添加 100mg/kg 低聚木糖不仅增强了肉鸡肠道抗炎和抗氧化能力,改善了肉鸡的生长性能,还显著降低了肉鸡盲肠中梭杆菌属(潜在的致病属)的丰度。研究发现,添加 200 ～ 600mg/kg 壳寡糖到断奶仔猪饲料中,可以提高仔猪的生长速度,改善肠道防御能力,在增殖盲肠中乳酸杆菌和双歧杆菌的同时,显著减少了金黄色葡萄球菌的数量。

　　此外,功能性低聚糖通常以六元环吡喃糖、五元环呋喃糖和氮杂糖等作为骨架结构,在医药领域中的应用也非常广阔。功能性低聚糖与双歧杆菌干粉按比例配制可用于生产治疗肠道炎症相关疾病的药物;某些具有抑菌活性的水溶性低聚糖可作为载体,与药物相关的小分子化合物偶联合成抗感染药物;褐藻寡糖、壳寡糖等海洋来源低聚糖具有显著的免疫活性和抗肿瘤活性,在肿瘤疫苗和抗癌药物的研发中具有良好的发展前景。

　　果胶低聚糖作为功能性低聚糖的一种,无论是对肠道微生物的调节能力,还是其他特异的生物活性,其带来的健康效应都说明果胶低聚糖在食品、饲料以及医药等领域具有潜在的应用前景。

第 7 章　活性肽的制备

　　活性肽是一类具有特定生物活性的短肽,通常由几个到几十个氨基酸残基组成。它们在生物体内发挥着重要的生理功能,如激素、酶、抗体等。常用的活性肽制备方法有微生物发酵法、酶法合成、化学合成法、基因工程技术、生物工程技术等。本章主要围绕常用活性肽的制备方法、新式活性肽的制备方法及合成多肽的检测展开分析与讨论。

7.1　常用活性肽制备方法

7.1.1 化学合成法

7.1.1.1 固相合成法

　　固相合成法是一种制备活性肽的有效方法,通过化学合成的方式制备具有特定氨基酸序列和特定三维结构的活性肽。这种方法通常使用多肽合成器,例如固相合成器、液相合成器或电喷雾器等。多肽合成器可以在体外模拟细胞内的多肽合成过程,从而制备出具有特定氨基酸序列和三维结构的活性肽。

　　以简单的二肽合成为例说明:氯甲基聚苯乙烯树脂作为不溶性的固相载体,首先将一个氨基被封闭基团保护的氨基酸共价连接在固相载体上。在三氟乙酸的作用下,脱掉氨基的保护基,这样第一个氨基酸就接到了固相载体上。然后氨基就被封闭的第二个氨基酸的氨基通过 N,

N– 二环己基碳二亚胺(Dicy Clohexyl Carbodimide，DCC)活化，氨基被 DCC 活化的第二个氨基酸再与已接在固相载体的第一个氨基酸的氨基反应形成肽键，这样在固相载体上就生成了一个带有保护基的二肽。

重复上述肽键形成反应，使肽链从 C 端向 N 端生长，直至达到所需要的肽链长度。最后脱去保护基，用 HF 水解肽链和固相载体之间的酯键，就得到了合成好的肽。

固相合成法不仅可以在较短的时间内制备出大量具有特定氨基酸序列和三维结构的活性肽，而且，固相合成法还可以用于制备具有特定功能或活性的多肽。例如，可以通过在多肽中引入特定的氨基酸序列来制备具有特定功能的活性肽。常用于制备具有特定功能的蛋白质，例如生长激素、干扰素等。但由于固相合成器、液相合成器或电喷雾器等设备价格昂贵，而且需要使用化学试剂，所以成本较高，并且合成需要的时间较长，所以其应用受到了很大的限制。

7.1.1.2 液相合成法

液相合成法是将活性肽的合成反应体系置于液相中，通过控制反应条件，实现活性肽的合成。液相合成法具有反应条件温和、产物纯度高等优点，因此在活性肽的制备中被广泛应用。

经典的液相合成包括逐步合成和片段组合合成两种基本途径。逐步合成是指将氨基酸逐个加入到多肽序列中，直到多肽合成完毕。由于该方法不易提纯，所以合成的多肽一般只有 5 ～ 6 个氨基酸长度，但是其优势也比较突出：操作简单、成本低廉。片段合成法是在逐步合成发明之后的一个大的突破，为合成 100 个以上的氨基酸肽链提供了有效的方法，较逐步合成具有较易纯化的优点。片段合成法可分为叠氮法、DCC 法、混合酸计法、六甲基磷酰胺活泼衍生物法等。

7.1.2 分离提取法

分离提取法主要用于从人体的血液、组织、腺体中获得肽。其主要工艺流程如下所述。

7.1.2.1 溶解

在活性肽的制备过程中,溶解是非常关键的一步,直接关系到后续产物的回收率与纯度。活性肽在水中的溶解度较低,而且不同种类的活性肽具有不同的溶解度。因此,为了获得高纯度的活性肽,必须采取有效的溶解方法,以确保活性肽在水中充分溶解。

常用的活性肽溶解方法包括盐析法、超声波法、微波法、热溶剂法。

(1)盐析法。盐析法是利用盐类与活性肽形成复合物,降低活性肽的溶解度,从而使其从溶液中析出。常用的盐类包括硫酸铵、硫酸钠等。盐析法具有操作简便、成本低廉等优点,但盐析后需要进行离心等步骤,以去除盐析产物,从而获得高纯度的活性肽。

(2)超声波法。常用的超声波频率为 $20 \sim 200kHz$,超声波功率为 $0.5 \sim 5W$。超声波法具有操作简便、快速等优点,但需要控制好超声波的强度和时间,以避免对活性肽的破坏。

(3)微波法。常用的微波频率为 $2450MHz$,微波功率为 $0.1 \sim 1W$。微波法具有加热均匀、快速等优点,但需要控制好微波的强度和时间,以避免对活性肽的破坏。

(4)热溶剂法。热溶剂法溶解度高、纯度高,但需要选择合适的有机溶剂,并控制好溶解温度和时间,以避免对活性肽的破坏。常用的有机溶剂包括丙酮、甲醇、乙腈等。

7.1.2.2 匀浆

匀浆法是将动植物、微生物等组织或细胞进行研磨、搅拌、离心等处理,使细胞壁破裂,将细胞内容物释放出来,从而形成均匀的浆液。

常用的提取方法包括溶剂萃取、电泳、凝胶过滤等。溶剂萃取是将匀浆液与适当的有机溶剂混合,通过萃取的方式提取出活性肽。电泳是将匀浆液经过电场作用,根据活性肽的大小和电荷性质进行分离,从而得到纯净的活性肽。凝胶过滤是将匀浆液经过凝胶过滤器,根据活性肽的大小和分子质量进行分离,从而得到纯净的活性肽。

7.1.2.3 超声波破碎

超声波破碎是一种利用高频声波振动使物质分子或细胞破碎的方法。在活性肽制备中,超声波破碎可以用于破碎细胞膜和细胞壁,释放出细胞内的活性肽。此外,超声波还可以使细胞内的核酸和蛋白质等生物大分子断裂,从而释放出更多的活性肽。

超声波破碎不会对样品造成化学或物理损伤,所需时间短,效率高。此外,超声波破碎还可以控制破碎时间和频率,从而获得具有特定结构和活性的活性肽。但是超声波破碎它只能用于制备细胞内释放的活性肽,不能直接从细胞外提取活性肽。其次,超声波破碎的破碎效果受到许多因素的影响,如样品浓度、超声波频率和时间等,因此需要进行优化和调节。此外,超声波破碎对一些活性肽的稳定性和活性也会产生影响,需要进行进一步的研究和优化。

7.1.2.4 提取

提取是制备活性肽的重要步骤之一。常用的提取方法包括物理方法和化学方法。物理方法主要包括离心、过滤、沉淀、离心等操作,而化学方法则包括酸解、碱解、酶解等操作。

离心可以将混合物中的固体颗粒和液体分离,从而获得纯净的活性肽溶液。离心操作的具体步骤如下:将混合物放入离心管中,并设置离心转速和离心时间,离心后可以通过观察离心管中的液体颜色和密度来确定是否已经达到预期的分离效果。

过滤可以去除活性肽溶液中的杂质。过滤操作的具体步骤如下:将活性肽溶液倒入过滤器中,通过滤纸、滤膜等过滤介质将固体颗粒和液体分离。

沉淀可以将活性肽溶液中的固体沉淀下来。沉淀操作的具体步骤如下:将活性肽溶液倒入沉淀容器中,加入适量的沉淀剂,静置一段时间后,可以通过观察沉淀容器中的沉淀物来确定是否已经达到预期的沉淀效果。

化学方法中的酸解和碱解是常用的提取方法。酸(碱)解是将活性肽溶液中的蛋白质分解成小分子的肽段,从而获得较纯的活性肽。酸

（碱）解操作的具体步骤如下：将活性肽溶液加入酸（碱）性介质中，如盐酸、硫酸（氢氧化钠、氢氧化钾）等，在一定温度下进行酸（碱）解反应，反应结束后可以通过离心等方法获得较纯的活性肽。

7.1.3 基因表达法制备活性肽

基因表达法制备活性肽是一种利用基因工程技术制备活性肽的方法。该方法主要包括以下几个步骤。

（1）目标肽基因的设计与合成。根据所需活性肽的氨基酸序列，设计并合成相应的 DNA 序列，即目标肽基因。设计时，需要考虑活性肽的氨基酸组成、序列长度、空间结构等因素，以确保所设计的基因序列能够表达出具有特定功能的活性肽。此外，还需要对基因序列进行必要的优化，如引入启动子、终止子、阅读框等元件，以提高基因的表达效率和稳定性。

（2）载体的选择与构建。选择适当的表达载体，如大肠杆菌、酵母或哺乳动物细胞表达载体。将目标肽基因插入到表达载体的合适位置，构建基因表达载体。

（3）受体细胞的转化。将基因表达载体导入到受体细胞（如大肠杆菌、酵母或哺乳动物细胞）中，使受体细胞能够表达目标肽基因。常用的表达方法包括转染、转化、显微注射等。转染是将表达载体与宿主细胞的质粒或病毒混合，通过电穿孔、化学法等方法将表达载体导入宿主细胞中。转化是将表达载体与宿主细胞的染色体 DNA 混合，通过转化反应实现基因的转录和翻译。显微注射是将表达载体直接注射到宿主细胞中，通过细胞内转录和翻译实现基因的表达。

（4）表达条件的优化。通过优化培养条件（如温度、pH、培养基成分等）和诱导表达条件（如诱导剂浓度、诱导时间等），以提高目标肽的表达量和活性。

（5）表达产物的分离与纯化。通过各种分离纯化技术（如亲和层析、离子交换层析、凝胶过滤层析等）将目标肽从受体细胞中分离出来，并进一步纯化。

（6）活性检测与表征。对分离纯化后的目标肽进行活性检测和表征，以确证其生物学功能和药理作用。

基因表达法制备活性肽是一种高效、可控的方法，已在生物制药、生物农业和生物材料等领域得到广泛应用。

（1）生物制药。许多活性肽具有重要的生理功能和药理作用,如抗生素、激素、酶抑制剂、疫苗等。通过基因表达法可以高效制备这些活性肽,用于治疗各种疾病。

（2）生物农业。例如,将抗虫、抗病、抗逆等活性肽基因导入植物中,可以提高植物的抗病虫害能力和抗逆性,从而提高农作物的产量和品质。

（3）生物材料。许多活性肽具有良好的生物相容性和生物降解性,可以用于制备各种生物材料,如医用高分子材料、组织工程材料、生物传感器等。

（4）食品工业。一些活性肽具有调节免疫、抗氧化、降血压等功能,可以通过基因表达法生产,用于功能性食品的开发。

（5）环境保护。例如,将降解有机污染物、去除重金属等活性肽基因导入微生物中,可以提高微生物的环境适应性和污染物降解能力,用于环境污染治理和生物修复。

7.1.4　酸碱等方法

7.1.4.1　酸(碱)解法制备活性肽

酸(碱)解法制备活性肽是一种通过酸(碱)水解蛋白质来制备活性肽的方法。这种方法主要利用酸(碱)性条件下蛋白质分子间的氢键和疏水作用被破坏,使得蛋白质分子解聚成较小的肽段和氨基酸。酸(碱)解法制备活性肽的步骤如下。

（1）蛋白质原料选择。选择富含蛋白质的原料,如动植物蛋白、海洋生物蛋白等。

（2）酸(碱)解条件优化。将蛋白质原料置于酸(碱)性环境中,如盐酸、硫酸(氢氧化钠、氢氧化钾)等。通过调整酸(碱)浓度、温度和处理时间等条件,优化酸(碱)解过程。

（3）酸(碱)解产物分离与纯化。将酸(碱)解后的蛋白质溶液进行分离纯化,如沉淀、离心、过滤等方法,去除杂质和大分子蛋白质。然后通过离子交换层析、亲和层析、凝胶过滤层析等方法进一步纯化得到活性肽。

（4）活性检测与表征。对分离纯化后的活性肽进行生物学功能和药理作用的检测与表征，以确证其活性。

酸（碱）解法制备活性肽的优点是操作简单、成本较低。然而，酸（碱）解过程中可能会导致部分氨基酸发生消旋作用，影响活性肽的生物活性。此外，酸（碱）解法制备的活性肽片段较杂，纯度相对较低，需要进一步分离纯化以提高产品品质。因此，在实际生产中，酸（碱）解法的应用相对较少。

7.1.4.2 电解法制备活性肽

电解法是利用电解质溶液（水、盐酸、硫酸、磷酸）中的离子在电场作用下发生电化学反应，从而制备出活性肽。这种方法具有制备工艺简单、反应条件温和、原料成本低等优点，因此在活性肽制备领域得到了广泛的应用。

在实际应用中，为了提高电解法制备活性肽的效率和质量，通常需要对反应条件进行优化。例如，可以通过调节反应温度、pH 值、离子浓度等参数来优化反应条件。此外，还可以通过添加催化剂、调节电极材料等方法来进一步优化反应条件，从而提高活性肽的产量和质量。

7.1.4.3 氢解法制备活性肽

氢解法是利用氢气对蛋白质进行还原，从而释放出活性肽。首先需要将蛋白质样品进行水解，常用的水解方法有酸解、碱解、酶解等。再对蛋白质水解产物进行纯化。常用的纯化方法有凝胶色谱、离子交换色谱、亲和色谱等。实际操作中可以根据活性肽的分子量、电荷、极性等特性进行分离和纯化，从而得到纯度较高的活性肽样品。

纯化后的活性肽样品需要进行活性评估。常用的活性评估方法有生物活性测定、分子生物学检测等。生物活性测定可以通过检测活性肽对细胞、组织、生物体等的生理、生化、免疫等作用来评估活性肽的生物活性。分子生物学检测可以通过检测活性肽的基因表达、蛋白质合成、蛋白质结构等来评估活性肽的生物活性。

7.2 新式活性肽制备方法

目前生物活性肽的制备方法有很多,如酶解法、微生物发酵法、凝胶色谱法、超滤法、反向液相色谱法等。其中酶解法成本低,且所得生物活性肽不含化学成分,毒性危害小。

7.2.1 酶解法

酶解法应用较为广泛,是一种新型环保技术,其操作简单、条件温和、副产物少,蛋白质经酶解后,肽键断裂,溶解度增加,三级结构遭到破坏,蛋白质分子量降低,功能性质可得到改善。蛋白酶作用于蛋白质后会水解产生多肽。酶解法制备活性肽的基本流程为蛋白质原料→预处理→酶解→分离纯化→目标肽→结构鉴定→成品开发上市。

首先,对于蛋白质原料的选择,应尽量满足原料中蛋白质含量较高和原料来源丰富、成本低等要求。特别是利用某些食品加工副产物进行生产的酶法活性肽,具有更高的商业利用价值。经过几十年的研究,酶解法生产活性肽的原料品种十分丰富,既包括动物原料如鱼肉蛋白、鸡蛋蛋白、酪蛋白、骨胶原蛋白和乳清蛋白等,也包括许多植物原料如大豆蛋白、小麦蛋白等。目前,以乳和水产品为原料的酶解产物展现出了丰富的功能活性,正成为研究和应用热点。

蛋白质的预处理主要包括热处理、超声处理、高压均质和超微粉碎等操作,其目的主要是为了提高酶对蛋白质的敏感性。例如高压均质和超微粉碎有利于增大原料总表面积,从而使之与酶有更多的接触位点,缩短酶解时间、提高水解度。而热处理除了杀灭原料中原有微生物和组织自身的蛋白酶,防止微生物产生的酶和组织自身蛋白酶干扰正常水解外,还可以使蛋白质变性、结构松散,以便使蛋白质内部结构和酶接触。

酶法生产活性肽,蛋白酶是水解蛋白质的关键。现在商业化应用的酶按来源可分为微生物源蛋白酶（如碱性蛋白酶、中性蛋白酶和风味酶），动物源蛋白酶（如胃蛋白酶和胰蛋白酶）以及植物源蛋白酶（如菠萝蛋白酶和木瓜蛋白酶）三类。许多酶的切割位点具有特异性，还有一些蛋白酶如一些微生物来源的蛋白酶不具有特异性。针对不同的底物，现多采用具有特异性的蛋白酶和非特异性的各类蛋白酶复配混合进行酶解。因为酶的复配往往具有协同增效作用，不仅有利于缩短酶解时间，提高水解度，还能获得具有较好分子质量组成和分布的酶解物。

此外，为提高酶解效率，微波、超声波、红外、磁性颗粒固定化酶等技术也有应用。以超声波辅助酶解为例，其主要作用在于通过产生的挤压、剪切等机械作用破坏蛋白质结构并打开亲水基团。结构打开的蛋白质更容易被酶结合，同时超声也加速了反应体系组分的充分混合，因而超声有助于酶解效率的提高。当然，超声辅助酶解往往比传统摇床酶解用酶量更少，节约成本。

例如，有研究者利用酶解法制备鹿血生物活性肽[①]，其工艺流程如下。

（1）抗凝剂制备。将葡萄糖21.6g、柠檬酸7.2g、柠檬酸钠19.9g加入到1L蒸馏水中，用玻璃棒搅拌至无明显颗粒后即可制成抗凝剂，放入4℃冰箱中保存。

（2）鹿血血红蛋白粉制备。取新鲜鹿血350mL，将抗凝剂沿着烧杯边缘倒入鹿血中，边倒边搅拌至完全溶解后，于4℃条件下冷藏4h，取出后在室温下以4000r/min离心10min，离心后去掉上层鹿血血浆，将沉淀层（鹿血细胞层）全部倒入1L锥形瓶中，加入等体积蒸馏水，用玻璃棒搅匀，在30℃、200W条件下超声波破碎15min。再以同样条件进行二次离心，取上清液倒入冻干瓶中，于-18℃冷冻至溶液彻底凝固，再置于冻干机冷冻干燥48h，即得鹿血血红蛋白粉，于4℃保存备用。

（3）鹿血生物活性肽粗提液制备及最适蛋白酶确定。用蒸馏水配制10mg/mL鹿血血红蛋白粉悬浮液4份，分别将最适条件下（碱性蛋白酶pH8.5、温度55℃；中性蛋白酶pH7.0、温度40℃；木瓜蛋白酶pH6.5、温度50℃；胃蛋白酶pH2.0、温度37℃）体积分数5%的4种蛋白酶加入到悬浮液中，于水浴摇床中以100r/min水解5h。期间每隔1h

---

① 高倩倩，付慧，李红莹，等.酶解法制备鹿血生物活性肽的工艺研究[J].粮食与油脂，2023，36（11）：95-99.

测定 pH1 次,分别用 1mol/L NaOH 溶液、1mol/L HCl 溶液维持 4 种酶反应在其最适 pH 内。反应结束后于 100℃水浴加热 10min,然后将反应液用除菌过滤器经 0.45μm 滤膜过滤,得鹿血生物活性肽粗提液,于 4℃保存备用。通过测定各生物活性肽粗提液对 DPPH 自由基的清除率,确定最适蛋白酶。

　　(4)鹿血生物活性肽制备。用(3)筛选出的最适蛋白酶对鹿血生物活性肽粗提液进行酶解,结束后将酶解产物在 90℃条件下水浴灭酶 8min,冷却至 20℃左右进行分离操作,酶解液用透析膜分离,即可得到鹿血生物活性肽。

7.2.2 发酵法

　　微生物在发酵法制备多肽的过程中起着非常重要的作用,受到国内外学者的广泛关注。目前发酵法分为液态发酵和固态发酵两种,液态发酵具有条件易于控制的特点,固态发酵具有多肽产量高、操作简单的特点,但是发酵法存在分离纯化难度大的缺点。如有研究者采用液态发酵技术制备核桃多肽,在细菌的作用下,核桃蛋白质发生水解反应,从而生成多肽和游离氨基酸,最终得到经发酵后产生的核桃多肽。还有研究者采用固态发酵制备核桃多肽,其中采用黑曲霉发酵制备的核桃多肽产量为 158.61mg/g,采用枯草芽孢杆菌发酵制备的核桃多肽产量为 243.97mg/g。

7.3　合成多肽的检测

　　在合成多肽的研究中,检测多肽的纯度和活性,分析多肽的结构具有重要意义,本节主要对合成多肽检测的基本原理、常用方法,以及多肽的一级结构确证等内容进行重点阐述。

7.3.1 合成多肽检测的基本原理

合成多肽检测是通过检测多肽中的特定序列或结构来确定其存在。多肽是由氨基酸组成的,每个氨基酸都有一个特定的氨基酸序列和结构。通过检测多肽中的特定序列或结构,可以确定其是否与已知的多肽匹配。

在合成多肽检测中,通常使用质谱技术来检测多肽中的特定序列或结构。质谱技术是一种高分辨率的检测方法,可以对多肽中的氨基酸序列和结构进行检测。质谱技术通常包括电喷雾质谱(ESI-MS)和基质辅助激光解吸电离时间飞行质谱(MALDI-TOFMS)两种方法。

电喷雾质谱是一种广泛使用的技术,可以对多肽中的氨基酸序列进行检测。在电喷雾质谱中,多肽首先经过电喷雾处理转化为离子,随后通过质谱仪器进行检测。质谱仪器可以分析多肽中的不同氨基酸,并根据它们的相对分子质量(M+)和质量比(M/Z)来确定多肽的氨基酸序列。

基质辅助激光解吸电离时间飞行质谱(MALDI-TOFMS)是一种高分辨率的质谱技术,可以对多肽中的氨基酸序列和结构进行检测。在MALDI-TOFMS中,多肽被激光解离并转化为离子,然后通过质谱仪器进行检测。质谱仪器可以分析多肽中的不同氨基酸,并根据它们的相对分子质量(M+)和质量比(M/Z)来确定多肽的氨基酸序列。此外,MALDI-TOFMS还可以检测多肽中的特定结构,如二硫键、氢键和疏水性等。

7.3.2 常见合成多肽检测方法

合成多肽的检测是生物医学研究中的一个重要环节,其目的是确保实验所制备的多肽的准确性和纯度。常见的方法包括光学检测技术、电化学检测技术和分子生物学检测技术。

7.3.2.1 光学检测技术

(1)荧光法。荧光法是利用多肽与荧光标记物之间的特异性结合。荧光标记物通常是一种小分子有机化合物,它包含一个荧光团,可以在受到激发时发出可见光。多肽与荧光标记物结合后,荧光团会发出荧光信号,通过检测荧光信号的强度和波长,可以确定多肽的存在和数量。

在荧光法中,常用的荧光标记物有多巴胺、荧光素、荧光团等。这些标记物具有不同的荧光强度和波长,可以用于检测不同种类的多肽。例如,多巴胺是一种常用的荧光标记物,它能够与多肽中的赖氨酸和组氨酸结合,发出强烈的荧光信号。而荧光素则是一种较弱的荧光标记物,它能够与多肽中的色氨酸结合,发出较弱的荧光信号。

荧光法具有高灵敏度、高特异性和快速检测等优点,因此在生物医学领域中得到了广泛应用。例如,在蛋白质组学中,荧光法可以用于检测多肽和蛋白质之间的相互作用。此外,荧光法还可以用于检测药物和生物分子的亲和力,以及研究多肽的生物活性等。但是荧光标记物的选择和设计需要考虑多肽的特异性和荧光团的特异性等因素,这可能会限制荧光法的应用范围。此外,荧光法的检测灵敏度受到多种因素的影响,例如荧光标记物的浓度、激发波长和检测器的灵敏度等,这可能会影响荧光法的检测结果。

(2)化学发光法。化学发光法通过多肽与化学发光剂结合来检测多肽,化学发光剂通常是一种具有较高能量的分子,当其与多肽结合时,会发生化学反应,释放出能量,从而产生化学发光信号。该方法具有灵敏度高、特异性强、快速、简便等优点,因此被广泛应用于蛋白质和多肽的检测领域。

化学发光法在多肽检测中的应用非常广泛。①可以通过化学发光法来检测蛋白质或多肽的序列,这对于研究蛋白质的结构和功能具有重要意义。②化学发光法还可以用于检测蛋白质或多肽的表达水平,这对于研究基因表达和调控机制具有重要意义。③可以利用化学发光法来检测多肽的活性,这对于研究多肽的功能和作用机制具有重要意义。④化学发光法还可以用于检测多肽的纯度,这对于确保多肽的质量和纯度非常重要。

(3)生物素标记法。生物素标记法通过将多肽与生物素结合,并通过检测生物素 – 亲和素系统来检测多肽。生物素是一种具有高亲和力的配体,它可以与亲和素结合形成复合物。亲和素是一种能够与生物素特异性结合的分子,例如 Streptavidin 和 Avidin 等。当多肽与生物素结合时,亲和素会与多肽结合,形成一个复合物。这个复合物可以通过亲和素 – 生物素系统进行检测,例如通过亲和层析或免疫学方法等。在亲和层析中,多肽与亲和素结合形成的复合物会在亲和层析柱上被保留,从而实现对多肽的检测。免疫学方法是一种基于抗原－抗体反应的检测方法。在免疫学方法中,多肽与亲和素结合形成的复合物可以通过与抗体结合来检测多肽。生物素标记法具有高效、灵敏和简便等优点,因此在生物化学和分子生物学等领域得到了广泛应用。

7.3.2.2 电化学检测技术

(1)电化学阻抗法。电化学阻抗法通过测量多肽在电化学阻抗谱上的信号来检测多肽。在电化学阻抗法中,多肽的电化学活性可以通过测量电化学阻抗谱上的交流阻抗(EIS)或阻抗频率响应(AFR)来确定。交流阻抗是指在电化学阻抗谱中,随着测试时间的推移,阻抗值随时间变化的曲线。阻抗频率响应是指在电化学阻抗谱中,随着测试频率的改变,阻抗值随频率变化的曲线。通过测量交流阻抗或阻抗频率响应,可以得到多肽的浓度和纯度等信息。

该方法不仅灵敏度高、快速、简便,可以在短时间内得到多肽的浓度和纯度等信息,而且还可以通过测量电化学阻抗谱上的信号,得到多肽的结构信息,这对于研究多肽的结构和功能具有重要意义。但是使用电化学阻抗法对多肽进行检测时,检测结果的准确性受溶液的 pH 值、离子强度、温度等因素的影响,而且检测结果还存在假阳性或假阴性的问题,需要通过其他方法进行验证。

(2)电化学指纹识别法。电化学指纹识别法的原理是基于电化学传感技术。在电化学传感器中,通常会将待测物与参考物分别放置在电化学探针的两端,然后通过电化学反应来测量两端的电势差。当待测物与参考物之间存在化学反应时,两端的电势差会发生改变,从而可以通过测量电势差的变化来检测待测物的存在。

在电化学指纹识别法中,多肽与电化学探针反应,形成特定的电化学信号。这个信号与多肽的序列和结构密切相关,因此可以通过分析这个信号的特征来识别多肽的身份。

电化学指纹识别法的优点在于,该方法可以同时对多个多肽进行检测,并且具有较高的灵敏度和特异性。此外,该方法还可以通过优化电化学探针和电化学反应条件来提高检测的准确性和效率。但是该方法需要对多肽进行化学修饰,这可能会影响多肽的活性和稳定性。而且,化学指纹识别法也受到多肽浓度和电化学探针选择的影响。因此，在实际应用中需要针对具体情况选择合适的方法。

（3）电化学感测器

电化学感测器是一种广泛应用于多肽检测的传感器技术。其工作原理基于电化学反应，通过测量电化学信号来检测多肽的存在。

在多肽检测中，电化学感测器通常采用金电极，因为金具有较高的电导率和稳定性，能够有效地传递电子信号。金电极还可以与多种试剂发生反应，从而实现多肽的检测。

电化学感测器在多肽检测中的应用非常广泛。例如，在生物制药领域，电化学感测器可以用于检测多肽药物中的杂质和纯度。在生物医学领域，电化学感测器可以用于检测生物标志物，如肿瘤标志物、炎症标志物等。

7.3.2.3 分子生物学检测技术

（1）PCR 技术。PCR（聚合酶链反应）是一种基于 DNA 扩增的技术，其原理是利用 DNA 聚合酶在特定引物的引导下，在模板 DNA 上合成新的 DNA 链。PCR 技术可以通过聚合酶链反应技术来扩增多肽的 DNA 序列，从而实现对多肽的检测。

在 PCR 技术中，需要设计特定的引物来扩增多肽的 DNA 序列。引物是一段与多肽 DNA 序列互补的短 DNA 片段，其两端分别与 PCR 扩增反应物（包括多肽 DNA 模板、dNTPs、$MgCl_2$、引物等）连接。当多肽 DNA 模板与引物结合后，PCR 聚合酶会在引物的引导下，在模板 DNA 上合成新的 DNA 链。随着 PCR 反应的进行，新的 DNA 链会不断扩增，最终形成大量的 DNA 拷贝。通过检测扩增后的 DNA 产物，可以确定多肽 DNA 序列是否存在。

在 PCR 技术中，需要选择合适的反应条件来扩增多肽的 DNA 序列。反应条件包括温度、时间、引物浓度、$MgCl_2$ 浓度等。反应温度通常在 $90 \sim 95 \,℃$ 之间，反应时间则根据引物长度和 PCR 扩增效率等因素而定。引物浓度和 $MgCl_2$ 浓度也需要根据实际情况进行优化，以达到最佳的扩增效果。

（2）DNA 杂交技术。多肽与核酸杂交时，由于核酸分子的互补配对原则，多肽与核酸之间会形成一种复合物，从而可以利用这种复合物来检测多肽的存在。

在多肽检测中,常用的核酸杂交技术包括放射性同位素标记的核酸探针和荧光标记的核酸探针。放射性同位素标记的核酸探针通常使用放射性同位素,如放射性同位素 ^{32}P 或放射性同位素 ^{35}S,来标记核酸分子。荧光标记的核酸探针则使用荧光分子来标记核酸分子,荧光分子在核酸杂交时会发出荧光信号,从而可以利用荧光信号来检测多肽的存在。

在实际应用中,核酸杂交技术通常需要进行一系列的操作步骤来完成。首先需要将多肽和核酸探针进行混合,形成杂交复合物。然后将杂交复合物与检测剂进行结合,如与放射性同位素或荧光分子进行结合。最后,利用检测仪器对杂交复合物进行检测,从而确定多肽的存在。

核酸杂交技术具有高效、高灵敏度、高特异性等优点,因此在多肽检测中得到了广泛的应用。例如,在蛋白质组学中,核酸杂交技术可以用来检测多肽的表达水平和修饰状态。在生物信息学中,核酸杂交技术可以用来检测多肽序列和相互作用蛋白。在食品安全中,核酸杂交技术可以用来检测转基因食品中的多肽成分。

(3)基因芯片技术。在合成多肽的检测中,基因芯片技术可以通过与多肽序列互补的探针来检测多肽的表达水平。这种方法具有很高的特异性,因为只有与目标多肽序列完全互补的探针才会与其杂交。此外,这种方法还可以通过比较不同多肽的表达水平来研究多肽的生物活性。

基因芯片技术还可以用来检测多肽的表达水平的变化。例如,可以通过比较不同时间点或不同细胞类型中的多肽表达水平来研究多肽的表达调控机制。这种方法可以为多肽的药物开发提供重要的信息,因为多肽的表达水平的变化可能会影响其药效。

虽然基因芯片技术在合成多肽的检测中具有很多优点,但是它需要非常高的技术水平来制备探针和芯片,并且需要非常长的数据分析时间。而且,基因芯片技术还受到一些非特异性信号的干扰,这可能会影响其检测结果的准确性。

7.3.2.4 其他检测技术

(1)质谱法。质谱法是一种基于质荷比(m/z)分析的高通量、高灵敏度的多肽检测技术。质谱法是利用电场加速和磁场分离的原理,对样品中的分子进行检测和分析。在多肽检测中,样品经过电喷雾后,在离子化过程中,多肽分子会失去部分水分子,形成带电离子。这些离子在质谱仪的加速电场和分离电场的作用下,按照其相对分子质量的大小进行分离。在检测器中,离子通过检测器后,会转换成电信号,最终形成多肽的质谱图。通过对质谱图的分析,可以确定多肽的分子量和结构,从而实现对多肽的定性和定量分析。

质谱法在多肽检测方面的应用主要包括以下几个方面。

①定性和定量分析。质谱法可以对多肽进行定性和定量分析,从而确定多肽的种类、数量和相对含量。在多肽合成与功能研究中,这种方法可以有效地检测和分析多肽的组成和结构,为研究多肽的生物活性提供重要依据。

②多肽的分离与纯化。质谱法可以通过不同的离子源和检测器,实现多肽的分离与纯化。这种方法可以有效地去除样品中的杂质,提高多肽的纯度,从而保证后续研究的准确性。

③多肽的鉴定与分析。质谱法可以通过与其他分析技术的结合,如核磁共振(NMR)、红外光谱(IR)和紫外光谱(UV)等,实现多肽的鉴定与分析。这种方法可以提供多肽的结构信息,有助于深入了解多肽的生物活性及其作用机制。

④多肽的比较分析。质谱法可以对多肽进行比较分析,如同源多肽的比较、不同生物体内的多肽比较等。这种方法可以揭示多肽在不同生物体内的差异性,为研究多肽的功能提供新的思路。

质谱法对于分子量较小或较大的多肽的检测效果较差,可能影响多肽的定性和定量分析。而且质谱法需要对样品进行电喷雾处理,这可能导致多肽分子的损失和结构改变,从而影响多肽的检测结果。因此,在实际应用中,需要根据具体情况选择合适的分析方法,以提高多肽检测的准确性。

(2)核磁共振技术。核磁共振技术利用核磁共振现象来检测多肽。核磁共振是一种基于原子核磁矩的物理现象,当原子核受到外部磁场的作用时,会发生吸收和发射电磁波的现象。通过测量吸收和发射的电磁波,可以得到原子核的性质和结构信息。在多肽检测中,核磁共振技术利用多肽分子中各个原子核的磁矩差异,来确定多肽分子的结构和组成。

在核磁共振技术中,多肽分子被溶解在溶液中,并在外加磁场的作用下进行核磁共振扫描。扫描过程中,核磁共振仪器会记录多肽分子中各个原子核的吸收和发射信号,并通过数据处理和分析来确定多肽分子的结构和组成。

核磁共振技术可以用来检测多肽的序列和结构,进而确定其生物学功能和作用机制。核磁共振技术还可以用于多肽的定量分析、纯度检测、突变检测等方面。在多肽药物研发中,核磁共振技术也发挥着重要的作用,可以用于检测药物分子的结构、纯度、稳定性等信息,从而优化药物设计和生产过程。

核磁共振技术的缺点在于:多肽分子的结构复杂,可能存在多种不同的吸收和发射信号,导致信号处理和分析的难度加大;核磁共振技术需要高精度的仪器和专业的技术人才,这也限制了其应用范围。

（3）红外光谱法。红外光谱法的基本原理是多肽分子在红外波段振动吸收。多肽分子中含有大量的氨基酸残基,这些残基在红外波段具有特定的振动频率,因此会在红外光谱图上呈现出特定的吸收峰。这些吸收峰的位置和强度可以反映出多肽分子的结构、组成和性质等信息。

红外光谱法具有操作简便、快速、准确等优点。与传统的高分辨质谱法相比,红外光谱法无需进行复杂的数据处理和定量分析,只需要对样品进行扫描和记录,即可得到多肽的红外光谱图。此外,红外光谱法可以在较短时间内完成多肽的检测,适用于大规模筛选和分析。

红外光谱法的缺点在于:①对于多肽样品的纯度和组成有一定的要求,如果样品中含有大量的杂质或者发生了结构改变,可能会影响红外光谱图的准确性;②对于多肽的定量分析也有一定的困难,因为不同多肽分子的吸收峰强度和位置可能存在较大的差异,难以进行准确的数据处理和定量分析。

（4）圆二色谱

圆二色谱（Circular Dichroismspectra, CD）法是目前用于检测多肽二级结构最常用的方法。其原理是利用光学活性物质对左旋圆偏振光和右旋圆偏振光具有不同吸收系数的圆二色性来测定非对称分子的构型和构象。圆二色谱具有快捷、方便和准确等优点,此外还可以检测溶液状态的待测物质,因此更接近于生理状态的构象。

圆二色谱对于多肽样品的检测具有以下要求:①样品具有较高纯度且不含光吸收的杂质;②溶剂必须在测定波长范围内无吸收干扰;③

多肽样品必须能完全溶解在溶剂中,形成均一透明的溶液。难溶性多肽进行圆二色谱检测,实践中可能会遇到溶解度和溶剂吸收干扰的问题。

　　圆二色谱检测中常用的溶剂有乙腈、水、PBS 溶液等,这些溶剂的最低吸收波长小于 190nm,所以测试波长范围可达 190 ～ 400nm。但难溶性多肽在上述溶剂中溶解度很低,会产生明显的多肽沉淀或漂浮固体,难以满足圆二色谱测试所需的均一且透明溶液的要求。对于难溶性多肽,在实验中一般会用 DMSO、DMF 等高溶度溶剂进行溶解或助溶。但由于 DMSO 和 DMF 的最低吸收波长为 250nm,即 190 ～ 250nm 检测波段将受到较大的溶剂吸收干扰,难以用于多肽的圆二色谱检测。此外甲醇、乙醇等醇类溶剂也同样受制于最低吸收波长,测试波长范围通常为 200 ～ 400nm。这会导致 190 ～ 200nm 波长区间内的圆二光谱图谱缺失,但该区间往往包含较为重要的多肽二级结构信息。

　　三氟乙醇是乙醇的一个甲基被三氟甲基($—CF_3$)取代后的化合物,相较氟代前,三氟乙醇的最低吸收波长低于 190nm,常用作圆二色谱的优良溶剂。但是有些难溶性多肽在三氟乙醇中溶解度不高,影响溶液的透明度,进而产生吸收干扰。六氟异丙醇也是多肽、多肽中间体、多肽衍生物等肽化学中的高溶性溶剂,而且最低吸收波长低于 190nm。此外,六氟异丙醇还可以与水、有机溶剂互溶,可以根据实验需要调整溶剂的配比。

7.3.3 多肽的一级结构确证

　　多肽的一级结构是指肽链中氨基酸的种类、数量及序列。一级结构的测定主要是了解组成多肽的氨基酸种类、各种氨基酸的相对比例并确定氨基酸的排列顺序。

7.3.3.1 氨基酸定性及定量分析

　　已经纯化的多肽的氨基酸组成可以进行定量测定。首先通过酸水解破坏多肽的肽键,典型的酸水解条件是:真空条件,110℃下用 6mol/L 盐酸水解 16 ～ 72h。然后将水解的混合物(水解液)进行柱层析,通过柱层析可以将水解液中的每一个氨基酸分离出来并进行定量,这一过程称为氨基酸分析。其分析流程如下式。

$$多肽 \xrightarrow[\text{H}_2\text{O}]{\text{HCl}} 氨基酸 \xrightarrow{\text{层析法分离}} 各种氨基酸 \longrightarrow 各种氨基酸含量$$

肽酶混合物也可用于完全水解肽。在酸性水解条件下，多肽溶于 6mol/L 盐酸并密封在真空管中以最大限度地减少特殊氨基酸的水解。Trp、Cys 和脱氨酸对氧尤为敏感。为完全游离脂肪氨基酸，有时需要长达 100h 的水解时间。但在如此强烈的条件下，含羟基的氨基酸（Ser、Thr 和 Tyr）会部分降解，大部分 Trp 被降解。而且 Gln 和 Asn 会转化为 Glu 和 Asp 的氨盐，因此只能确定各混合氨基酸的含量，如 Asx（=Asn+Asp）、Glx（=Glu+Gln）和 NH_4^+=（Asn+Gln）。Trp 在碱性水解时大部分不会被破坏，但会引起 Ser 和 Trp 的部分分解，Arg 和 Cys 也可能被破坏。从灰色链霉菌得到的相对非专一性的肽酶混合物链霉蛋白酶常用于酶解。但肽酶的用量不应超过被水解多肽重量的 1%，否则，酶自身降解的副产物可能污染终产物。

7.3.3.2 端基分析

（1）N 端氨基酸分析

①苯异硫氨酸酶（PITC）法——艾得曼（Edman）降解法。在测定 N 端氨基酸的方法中，Edman 降解法是最通用的途径。本方法的特点是：除多肽 N 端的氨基酸外，其余氨基酸会保留下来，可连续不断地测定其 N 端氨基酸。

多肽与 PITC 反应时，N 端氨基对试剂进行亲核性进攻，生成多肽的苯基氨酰衍生物。该试剂用酸处理时，分子内键断裂，生成 N 端氨基酸的衍生物，多肽的其余部分完整保留。利用色谱分析即可确定 N 端残基。依次循环，可不断地确定新的 N 端氨基酸，直至所有的氨基酸被测定。蛋白质测序仪即是基于这种原理设计的，如图 7-1 所示。

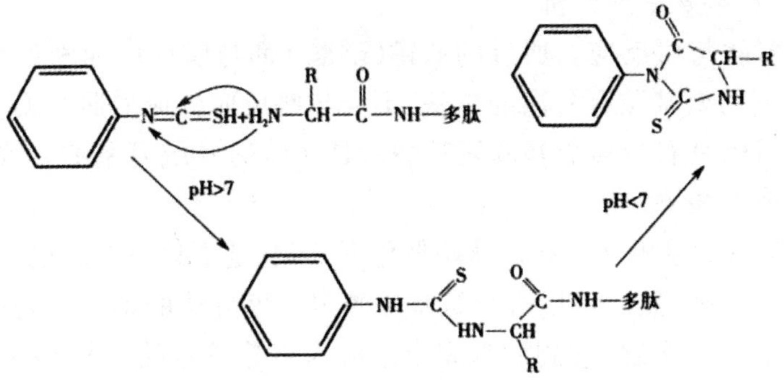

图 7-1　艾德曼(Edman)法流程图

② 2,4- 二硝基氟苯法——桑格尔(Sanger)法。除 Edman 降解法以外,最常用的还有 Sanger 法。Sanger 于 1945 年发明了这种试剂,并用来测定蛋白质的结构,1955 年报道了其在胰岛素的结构测定中的应用,由于这一贡献,他荣获了 1958 年的诺贝尔化学奖。在 Sanger 法中,2,4- 二硝基氯苯与氨基酸 N 端氨基反应后,分离出 N- 二硝基苯基氨基酸,用色谱法分析,即可确定 N 端氨基酸。但用该方法测定时所有的肽键都会被水解,无法按顺序依次测定。该方法流程如图 7-2 所示。

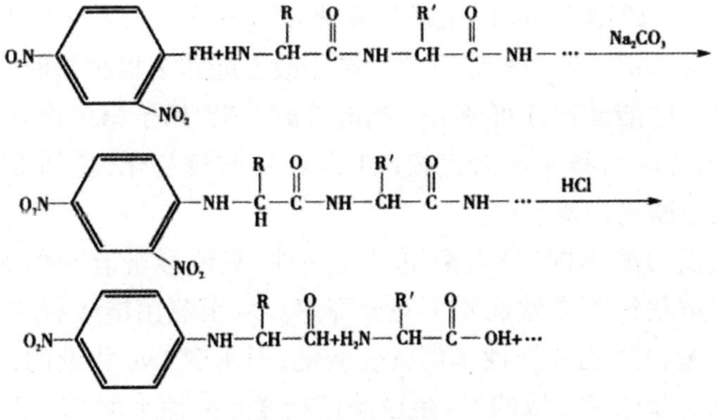

图 7-2　桑格尔(Sanger)法流程图

③丹磺酰氯法。该方法采用丹磺酰氯酰化多肽的 N 端氨基;水解多肽衍生物中的酰胺键,可以不破坏 N 端氨基与试剂生成的键;用色谱分析即可确定 N 端氨基酸。该方法同 Sanger 法一样,为了测定一个端基,必须破坏所有肽键。

（2）C端氨基酸分析

①多肽与肼反应。所有的肽键(酰胺)都与肼反应而断裂成酰肼,只有C端的氨基酸有游离的羧基,不会与肼反应生成酰肼。换言之,与肼反应后仍具有游离羧基的氨基酸就是多肽的C端氨基酸。因此可用于C端氨基酸测定。

②羧肽酶水解法。在羧肽酶催化下,多肽链中只有C端的氨基酸能逐个断裂下来,然后可以进行氨基酸测定。该方法的不利之处在于,酶会不停地催化水解,直到肽键完全水解为组分氨基酸。与Edman降解法不同,虽然该法可以完成小肽的分析,但是每步不易控制。

7.3.3.3 肽链的选择性断裂及鉴定

上述测定多肽结构顺序的方法,不适用于分子量大的多肽。大分子多肽的序列测定,需将多肽用不同的蛋白酶进行部分水解,使之生成二肽、三肽等碎片,再用端基分析法分析各碎片的结构,最后比较各碎片的排列顺序进行合并,推断出多肽的氨基酸序列。

胰蛋白酶在Lys和Arg肽键的羧基端裂解,因此获得C端为Lys或Arg的片段。原则上,可以用任何默化试剂封闭Lys的ε氨基,将裂解限制在Arg肽键。当用柠康酐和三氟乙酸乙酯作为保护基时,经吗啡啉或非常温和的酸处理即可使Lys侧链游离出来,用于第二次胰蛋白酶酶解。另外,Cys可被β–卤代胺,如2–溴乙胺烷基化,得到带正电荷的残基可用于胰蛋白酶裂解。

与胰蛋白酶不同,凝血酶更具专一性,只能裂解有限的Arg肽键。但有时水解很慢而导致底物不完全降解。从厌氧菌溶梭状芽孢杆菌提取的梭菌蛋白酶能选择性水解Arg肽键,而水解Lys肽键的速度很慢。从金黄色葡萄球菌提取的V8蛋白酶可高度专一性水解Glu肽键,因此,被广泛应用于序列分析。专一性较低的廉蛋白酶降解可得到另一些C端含芳香性或脂溶性氨基酸的碎片。一般而言,小肽片段太多不利于大分子多肽一级结构的确定。其他专一性的内肽酶,如木瓜蛋白酶、枯草溶菌素或胃蛋白酶也是如此,但这些酶在分离侧链含二硫键、磷酸丝氨酸或糖基的肽片段方面具有重要作用。

对于选择性化学裂解,BrCN和N–溴代丁二酰亚胺是通用的优选试剂。用BrCN在酸性条件下(0.1mol/L盐酸或70%甲酸)处理能使蛋白质变性,并促使 Met 形成一个肽基高丝氨酸内酯,释放氨酸基肽。

Trp 是另一个在多肽中较少见的氨基酸。因此,Trp 肽键的断裂也可形成较大的多肽片段。N- 溴代丁二酰亚胺不仅裂解 Trp 肽键,也裂解 Tyr 肽键。2-(2- 硝基苯基 – 亚磺酰基)-3- 甲基吲哚和 N- 溴代丁二酰亚胺原位生成的 2-(2- 硝基苯基 – 亚磺酰基)-3- 甲基 -3- 溴甲吲哚或 2- 亚碘酰基苯甲酸,对 Trp 肽键断裂更具选择性。

7.3.3.4 二硫键的裂解

二硫键的定位通常在氨基酸序列分析的最后一步进行。分离二硫键连接的肽链需要对二硫键进行裂解,但同时也会破坏二硫键所稳定的多肽的构象。多肽的水解应在二硫键交换最少的条件下进行。还原或氧化可裂解分子间或分子内二硫键。通过甲酸氧化能将所有 Cys 残基氧化为磺基丙氨酸。因为磺基丙氨酸在酸碱条件下都稳定,因此可用来定量 Cys 残基的数量。但 Met 残基氧化为甲硫氨酸亚砜和砜,以及 Trp 侧链的部分降解是这一方法的最大弱点。使二硫键还原、断裂常用过量的硫醇如 2- 巯基乙醇,1,4- 二硫赤藓糖醇(cleland 试剂)处理,产生的游离硫醇基通过碘乙酸的烷基化作用封闭,以阻止其在空气中再次氧化。

7.3.4 合成多肽的纯度检查

多肽纯度检查通常采用反相高效液相色谱(RP-HPLC),后来毛细管电泳(CE)也逐渐成为多肽药物分析的通用工具。由于分离机制不同,毛细管区带电泳(CZE)被认为是 RP-HPLC 的良好补充。CZE 是根据多肽片段的质荷比对其进行分离,而 RP-HPLC 是根据多肽的疏水性差异进行分离。疏水性差异小不能用 RP-HPLC 分离的多肽,可以根据质荷比的不同,用 CZE 分离。因此,在 RP-HPLC 中显示比较纯的多肽峰,在 CZE 中往往会出现多重峰,而且,CZE 仅需要极少量样品即可进行检测。因此,几乎所有的样品都可以用于后续的序列分析。

7.3.5 合成多肽生物学效价的测定

一般的合成短肽结构简单,没有空间构象的影响,可以不设活性效价检测项目。也有些合成多肽具有可测定的生物学或免疫学特性。在某些情况下,效价测定可能是对稳定性评价的一个较好的指标,也可采用与稳定性相关性更好的新分析方法。

第8章　活性蛋白的制备

活性蛋白在生物体内具有重要的生理功能,如催化反应、免疫调节、结构支持等,其制备方法主要包括化学合成、生物合成等。本章主要对大豆球蛋白、丝胶蛋白、免疫球蛋白、乳铁蛋白、金属硫蛋白等活性蛋白的制备方法与工艺展开分析与讨论。

8.1　大豆球蛋白的制备

8.1.1 大豆球蛋白概述

8.1.1.1 大豆蛋白的组成

大豆的蛋白质含量约为40%,其中,球蛋白是最主要的蛋白质(占据总蛋白的90%)。根据蛋白溶解特性的不同,大豆蛋白分为水溶性清蛋白和盐溶性球蛋白两类。然而,根据沉降系数(S)值分类才是大豆蛋白分类的主要方法,其中S代表斯韦德伯格单位,蛋白质沉降系数越大则代表该蛋白质相对分子质量越大。在适当的离子强度和pH条件下(如0.5mol/L离子强度和pH7.6),大豆蛋白可以通过超离心法分离成4个主要部分,分别为2S(占8%)、7S(占35%)、11S(占52%)和15S(占5%)。通过该方式分类的蛋白组分基本都是蛋白的异质混合物,不是单一的蛋白质。

2S组分主要为水溶性清蛋白,蛋白分子量较低,约占大豆蛋白总含量的 8% 左右,其主要组分多为酶类和蛋白酶抑制剂,如细胞色素 C,以及 Kunitz 和 BowmanBirk 两种胰蛋白酶抑制剂。7S 组分主要是 β－伴大豆球蛋白(*β-conglycinin*)。11S 组分主要由大豆球蛋白(*Glycinin*)组成。7S 球蛋白(β－伴大豆球蛋白)和 11S 球蛋白(大豆球蛋白)同时也是大豆中最主要的两种贮藏蛋白。15S 组分被认为是一种多倍体聚合物,是一种次要成分,通常占大豆蛋白含量的 5%。大豆蛋白的组成如表 8-1 所示。

表 8-1　大豆蛋白组成

组分	成分	分子量范围(Da)	含量(%)
2S	胰蛋白酶抑制剂 细胞色素 C	$8.0 \times 10^3 \sim 2.15 \times 10^4$ 1.2×10^4	8
7S	大豆凝集素 脂肪氧合酶 α－淀粉酶 β－伴大豆球蛋白	1.1×10^5 1.02×10^5 6.17×10^4 $1.8 \times 10^5 \sim 2.1 \times 10^5$	35
11S	大豆球蛋白	3.5×10^5	52
15S	大豆球蛋白多聚体	6.0×10^5	5

8.1.1.2 大豆蛋白质功能特性

当前,大豆蛋白的功能性质主要体现在水合性质、表面性质和蛋白质之间相互作用三个方面。蛋白质的水合性质是指蛋白质分子与水分子之间的相互作用。蛋白质分子中有许多极性基团,如羟基、羧基、氨基等,它们能够与水分子形成氢键,从而使蛋白质分子与水分子发生结合。这种结合可以使蛋白质分子在水中溶解,并且能够影响蛋白质的构象和功能。蛋白质的水合性质主要表现在蛋白质对水吸收及保留、黏度、持水性、膨胀性、分散性等。蛋白质的表面性质是指蛋白质表面的物理化学特性,包括其极性、带电荷、亲水性和亲油性等性质。蛋白质表面通常由各种氨基酸残基组成,这些残基具有不同的极性。极性残基通常包括酸性残基(如谷氨酸和天冬氨酸)和碱性残基(如赖氨酸和精氨酸)。这些残基的极性会影响蛋白质的表面性质。同时,蛋白质表面的残基也可能带有正电荷、负电荷或不带电,这些电荷也会影响蛋白质的表面性质。蛋白质表面的亲水性通常由其残基的极性和电荷决定,具有许多极性或带电残基的蛋白质表面通常更亲水,因为它们能够与水分子相互作用。亲油性:与亲水性相反,亲油性是指蛋白质表面对非极性或疏水性物质的亲和力。通常,含有较少极性或带电残基的蛋白质表面更亲油。这些表面性质可以影响蛋白质的空间构象、分子间相互作用,在食品中多数体现在乳化性、起泡性和与风味结合的能力。蛋白质 – 蛋白质相互作用主要体现在凝胶性和成膜性等,通常受外来因素的影响,例如物理压强、外界温度、离子强度、pH 等,通过这些因素影响蛋白质天然空间结构的改变,使得内部功能基团暴露,通过氢键、静电作用、疏水相互作用以及二硫键交联形成新的稳定三维结构。以上性质对形成大豆蛋白功能特性发挥主要作用,功能特性主要包含以下几个内容。

(1)溶解性。溶解性通常是指蛋白质在水中或者某些盐溶液中的溶解能力,是研究蛋白质其他功能性质最基本的要求,因此溶解性也被定义为衡量蛋白质应用价值的重要指标。蛋白质的溶解程度称为溶解度,当前测定蛋白质溶解度主要通过氮溶解指数(Nitrogen Solubility Index, NSI)和蛋白质分散指数(Protein Dispersibility Index, PDI)来进行衡量。蛋白溶解程度越高代表蛋白质的水合能力越好,蛋白质分子与水分子的结合能力越强。7S 和 11S 球蛋白的亚基共同决定了大豆蛋白的溶解性。7S 球蛋白作为一种三聚体糖蛋白,其结构三种亚基 α 亚基、α′亚基和 β 亚基均具有糖链。

α 和 α′具有高度同源性,在核心区和延展区均含有糖链,而 β 亚基仅在核心区域具有糖链。因此,两类亚基水合能力差距较大,前者呈现亲水性而后者呈现疏水性。11S 球蛋白主要通过二硫键相连的酸性亚基(A)和碱性亚基(B)构成,其中酸性亚基(A)带正电荷呈亲水性,碱性亚基(B)带负电荷呈疏水性。由于 7S 球蛋白中含有 N– 糖链所以相较于 11S 球蛋白整体的亲水性要高。大豆蛋白的溶解性除了自身结构外,外部因素也会影响溶解性的变化,包括 pH、离子强度以及与外界物相互作用等。

(2)乳化性。当大豆蛋白与水或其他液体混合时,它可以表现出乳化性。乳化性是指将两种互不相溶的液体通过加入乳化剂而形成稳定的混合物,其中乳化剂能够在两种液体之间形成界面,从而使它们能够混合在一起并保持长时间的稳定性。通常,对蛋白质乳化性能的评价主要为:蛋白质分子是否快速吸附于油水界面;吸附于油水界面处的蛋白质分子能否发生快速重排并形成具有黏弹性的界面膜。大豆蛋白是一种天然的乳化剂,具有良好的乳化性能。大豆蛋白分子中含有疏水性和亲水性区域,这使得它能够快速吸附于油滴表面降低油与水界面的表面张力,从而阻碍了油滴之间的相互聚拢,形成稳定的乳化界面。大豆蛋白的乳化性主要受 7S 和 11S 球蛋白两种最主要贮存蛋白影响。7S 球蛋白中亚基之间主要通过氢键和疏水作用彼此缔结,分子内含二硫键较少,所以 7S 球蛋白结构更具有柔性较为灵活,乳化性能更强。其分子量也相较于 11S 球蛋白小,因此在分子大小与结构上的优势使得 7S 球蛋白能够快速分散到水油界面处均匀覆盖形成薄膜。相反,11S 球蛋白分子量较大(360kDa),且酸性亚基和碱性亚基通过二硫键相连,结构更具稳定性。因此,11S 球蛋白在溶液中迁移也较为缓慢,不利于黏弹性界面膜的形成。除蛋白质自身结构外,大豆蛋白的乳化性能优劣与蛋白浓度、pH、离子强度等也有密切联系。

（3）凝胶性。凝胶是一种半固态的物质状态,介于液态和固态之间,通常是由于分散在溶剂中的胶体粒子或大分子物质形成整体结构,导致丧失流动性或固化所致。蛋白质在适宜的外部条件下会发生分子聚集,此时蛋白质分子之间吸引力(蛋白质 – 蛋白质、蛋白质与溶剂、蛋白质肽链间作用力)和排斥力会达到一种相对平衡的状态。蛋白质分子之间有序排列将大量的溶剂包裹在内部从而形成具备致密三维网络结构的凝胶态,当分子之间排斥力小于吸引力则蛋白质形成凝结物,反之蛋白质将难以形成网络结构。根据溶液中蛋白质浓度不同可以将蛋白凝胶分为热致型凝胶和非热致型凝胶。当蛋白浓度超过 8% 时,蛋白通过加热冷却的方式即可形成蛋白凝胶;当蛋白浓度低于 8% 时,通过加热处理往往无法形成凝胶,此时蛋白状态根据蛋白种类和组成不同仅为溶解态或“半凝胶”态,往往需要通过添加凝固剂或是改变 pH、离子强度等其他外部条件形成凝胶。

大豆蛋白凝胶是典型的球蛋白凝胶,受 7S 和 11S 球蛋白共同影响。由于 7S 与 11S 球蛋白结构差异较大,因此,两者形成凝胶的机制也有所不同。7S 球蛋白中含有巯基量较少,所以维持凝胶网状结构主要通过氢键,在加热后初始阶段蛋白会形成可溶性聚集体(分子量约为1000kDa),继续加热后聚集体之间彼此相连形成凝胶。相反,11S 球蛋白中含有大量的巯基,因此,受热后网络结构主要通过二硫键和疏水作用维持网络结构。大豆蛋白质的凝胶特性除跟自身组分结构有关外,同时也受 pH、温度、离子强度等外部条件的影响。

8.1.2 大豆球蛋白的制备工艺

8.1.2.1 大豆球蛋白提取方法

当前 7S 和 11S 球蛋白主要的分离方法如表 8-2 所示。

表 8-2　7S 与 11S 球蛋白的分离方法

分离方法	方法原理	特点
高速离心法	根据 7S 和 11S 球蛋白沉降系数不同	样品得率较低,只适用于实验室分析,不适用于工业生产
冷沉淀法	根据 11S 球蛋白在低温更易析出特性	分离 7S 较为困难
钙盐沉淀法	根据 7S 和 11S 球蛋白在钙盐溶液中的溶解度差异,通过调节钙盐浓度和 pH 进行分离	操作简单,可大批量提取蛋白,但纯度不高
Thanh 法	加入巯基乙醇作为还原剂,利用 7S 和 11S 球蛋白等电点差异和等电点溶解度最低原理进行分离	11S 球蛋白提取率较低
Nagano 法	对 Thanh 法进行优化,将还原剂巯基乙醇改为亚硫酸氢钠	提取效率较高,纯度较高
碱提酸沉膜分离法	利用 7S 和 11S 球蛋白等电点差异和等电点溶解度最低原理进行分离	多用于实验室,不适用于大规模分离,样品纯度较高
层析法	利用蛋白质分子量不同进行分离	多用于实验室,不适合大规模分离,样品纯度较高
反胶束法	利用不同表面活性剂对蛋白质进行包裹提取	选择性较高,提取条件温和,但是提取率较低

8.1.2.2 大豆球蛋白改性方式

当前大豆蛋白不仅作为营养物质添加到食品里以直接提高食品的营养价值,同时其不同功能特性对不同食品也具有改善食品特性的作用,例如色泽、黏度、弹性等。但是,蛋白质是复杂的生物分子,对其进行改性修饰并非只有一种简单固定的方法。当前对蛋白质的主要改性方式包括物理改性、化学改性、酶改性、生物改性。

（1）物理改性。蛋白质修饰方法包括应用一些力场来改变蛋白质结构，无论是单独的还是作为食物基质的一部分，可以被归类为物理方法。通常，这些技术导致蛋白质尺寸变更和尺寸再分布、蛋白质构象的展开、解聚或永久变性。常见的物理改性技术包括热处理、超声处理、高压处理、挤压蒸煮处理、冷等离子体技术等。

（2）化学改性。化学修饰是通过蛋白质与化学试剂的反应而获得的，在这种反应中，蛋白质断裂或形成新的化学键，改变了原始蛋白质结构的完整性。通常，这种方法利用蛋白质侧链的反应性以在化学反应中调节蛋白质的生物物理性质和功能。据报道，与天然分子相比，化学修饰的蛋白质具有更好的功能特性。化学改性技术的商业化受到有毒化学副产品的产生、成本、消费者和监管机构的限制。因此，化学改性在食品行业是一种不太受欢迎的改性技术，特别是随着清洁标签产品的发展。常见的化学改性方法有化学糖基化、酰化和琥珀酰化、脱酰胺、磷酸化等。

（3）酶法/生物改性。酶修饰技术是通过控制应用蛋白水解酶和非蛋白水解酶来改变蛋白质的结构性质。酶修饰可用于分解或构建蛋白质结构，以实现所需的功能。蛋白水解酶（如胃蛋白酶、木瓜蛋白酶、胰蛋白酶）能够水解蛋白质，进而改变其结构。而非蛋白水解酶（如谷氨酰胺转氨酶）则用于通过蛋白交联对蛋白质进行酶修饰，以建立蛋白质结构和增加蛋白质的结构性质。通常，由于反应时间快、酶的特异性和反应条件温和等原因，酶修饰通常比化学修饰更受青睐。

发酵是一种良性微生物的受控应用，通过利用这种微生物的生长和代谢，将食品材料转化为有益的产品。一般来说，食品发酵有两种工艺技术：固态发酵（SSF）和深层发酵（SMF）。由于 SSF 具有产品产量高、废弃物管理成本低、产品特性好等优点，在食品和食品蛋白发酵中，SSF 比 SMF 更受青睐。应用发酵来改善植物蛋白成分，主要是用于改善蛋白粉，从中可以开发出蛋白浓缩物和分离物等附加成分。发酵在植物蛋白上的其他应用是用于开发蛋白质食品，例如素食奶酪、素食酸奶、植物基牛奶和饮料等。

（4）生物工程改性。生物工程改性是指应用植物育种和分子技术（基因工程技术），改变蛋白质分子的结构，进而影响其功能性质的方法。广义的基因工程改性包括基因重组、基因突变和染色体变异；狭义的基因工程改性则是指基因的定点修饰。目前针对大豆蛋白的基因工程改性主要集中在以下几个方面：一是改变大豆球蛋白的组成，提高其营养价值；二是改变脂肪氧合酶组成，减少大豆产品的腥味；三是深入研究脂肪合成酶，使其脂类组分发生变化；四是针对大豆中的抗营养因子开展抑制研究，例如胰蛋白酶抑制剂、过氧化物歧化酶等。

8.2 丝胶蛋白的制备

8.2.1 丝胶蛋白概述

8.2.1.1 丝胶蛋白的组成

丝胶是一种由 18 种氨基酸组成的糖类蛋白质，也是一种将丝素黏合在一起的"胶状"蛋白。其中丝氨酸占比最高，约 2/3 的氨基酸中含有羟基、羧基等活性基团，因此丝胶蛋白具有极好的亲水性，能与其他聚合物形成交联，发生共聚或结合。丝胶蛋白的等电点约为 3.8 ～ 4.5，分子量分布根据提取方法及条件的不同会产生一定的差异，在 24 ～ 400kDa 之间都有分布，在不破坏其结构的情况下，多肽很难被单独分离开来。

8.2.1.2 丝胶蛋白的结构

目前，通常采用圆二色性色谱、傅里叶红外光谱仪、X 射线衍射等手段对丝胶蛋白的二级结构进行研究，当丝胶蛋白以溶液的形式存在时，其分子构象主要是无规卷曲和 β – 折叠结构的混合体，分别对应无定形区和结晶区。同时，丝胶蛋白中伴有一些 β – 转角结构，但大多数情况下没有 α – 螺旋结构，添加交联剂、塑化剂或冻干丝胶蛋白溶液等可促进 β – 折叠结构的形成。丝胶蛋白是一种具有层状结构的复合蛋白。

8.2.1.3 丝胶蛋白的性能

丝胶蛋白的组成及结构特点赋予了其一些重要的生物学特性,如高生物相容性和低免疫原性、抗菌、抗炎、抗氧化和天然的原位荧光性等。作为一种天然蛋白质材料,丝胶也具有一些典型的蛋白质性质,如膨润和溶解、凝胶性、两性性质和吸附性等。

此外,丝胶蛋白能够作为促进细胞生长、组织再生等的载体,由于其特有的生物活性,在完成组织再生后,还能被人体组织所吸收,从而提供人体康复所需的营养价值。同时,丝胶蛋白拥有的天然荧光性可作为一种检测手段,在组织修复的过程中达到实时监测的效果。基于以上的优势,丝胶蛋白已经成为组织工程及生物医药领域备受青睐的生物材料之一,被应用于多种生物学领域如骨、软骨、皮肤、骨骼肌、心肌、脑组织修复等,其应用形式包括丝胶蛋白水凝胶、丝胶蛋白生物支架、丝胶蛋白膜及丝胶蛋白纳米微球等。

8.2.2 丝胶蛋白的制备工艺

8.2.2.1 天然丝胶蛋白的提取方法

天然丝胶蛋白主要来源于丝氨酸和谷氨酸。丝氨酸和谷氨酸是人体必需的氨基酸,它们在人体内起着重要的代谢和生物功能。在人体内,丝氨酸和谷氨酸可以被转化为丝胶蛋白,用于维持各种生物过程。

提取天然丝胶蛋白的方法有很多种,其中酸溶法、碱溶法、盐析法是最常用的方法。酸溶法是将含有丝胶蛋白的物质在酸性条件下进行水解,然后通过沉淀和洗涤等步骤获得丝胶蛋白。碱溶法是将含有丝胶蛋白的物质在碱性条件下进行水解,然后通过沉淀和洗涤等步骤获得丝胶蛋白。盐析法是将含有丝胶蛋白的物质在盐溶液中进行沉淀,然后通过离心、洗涤和干燥等步骤获得丝胶蛋白。

除了上述三种提取方法,还可以根据不同的实验目的和样品特性选择其他方法,如凝胶色谱法、电泳法、超声波法等。

8.2.2.2 丝胶蛋白的化学合成方法

目前,丝胶蛋白的化学合成方法有氨基酸缩聚、肽键断裂、酰胺交换、羟基酸化等,但实际应用中主要应用的是氨基酸缩聚和肽键断裂。

氨基酸缩聚是将不同的氨基酸通过肽键连接起来,形成长链状的蛋白质。这种方法的主要优点是反应条件温和,产物纯度高,但是缺点是合成时间长,成本较高。

肽键断裂是将已经合成的蛋白质进行分解,从而获得丝胶蛋白。这种方法的主要优点是反应时间短,成本低,但是缺点是产物纯度较低,可能存在副反应。

此外,为了提高丝胶蛋白的化学合成效率和产物纯度,研究人员还开发了一些新的合成技术和方法。例如,通过基因工程改造微生物菌株,使其具有更高的丝胶蛋白合成效率和产物纯度;通过使用先进的合成仪器和设备,如微波合成仪、超声波合成仪等,提高反应效率和反应条件。

8.2.2.3 丝胶蛋白的改性及功能化方法

丝胶蛋白可通过共价交联、接枝改性、物理改性、化学改性和生物改性等方法提高其性能。

通过共价交联,可以在丝胶蛋白分子之间形成共价键,从而使丝胶蛋白的分子间结合更加紧密,提高其稳定性和生物相容性。而且,共价交联还可以改善丝胶蛋白的力学性能,使其更适用于各种应用场景。

通过接枝改性,可以在丝胶蛋白分子上引入各种功能性基团,如羟基、羧基、胺基等,从而赋予丝胶蛋白新的功能。例如,可以通过接枝改性将丝胶蛋白改性为具有抗菌、抗病毒、抗肿瘤等功能的材料。而且,接枝改性还可以改善丝胶蛋白的溶解性和分散性,使其更易于加工和使用。

物理改性通过破坏丝胶蛋白的二级结构,从而改善其生物性能,主要包括超声处理、微波处理、光处理等;化学改性通过改变丝胶蛋白的化学性质来改善其生物性能,主要包括交联剂处理、表面活性剂处理等;生物改性通过改变丝胶蛋白的基因表达,改善其生物性能,主要包括基因工程、细胞培养等。

8.2.2.4 丝胶蛋白膜的制备

薄膜是丝胶蛋白作为创伤敷料的一种常见应用形式,研究发现,丝胶制备的薄膜具有良好的生物相容性、生物降解性等。然而,纯丝胶膜存在热水溶性差、力学性能不佳、易脆损等问题,难以满足实际需求。目前,通常采用在丝胶蛋白中添加其他聚合物进行共混或通过不同的物理和化学处理来进一步修饰丝胶蛋白结构,形成以丝胶蛋白为基底的复合材料,从而提高其稳定性。

研究表明,用环氧树脂改性丝素 / 丝胶共混溶液,采用流延法制备较完整且较难溶于水、力学性能较好的复合膜,具备一定的实用性;在丝胶蛋白和聚乙烯醇混合溶液中加入硼酸并风干成膜,结果表明硼酸对聚乙烯醇和丝胶蛋白都有明显的交联作用,硼酸的加入可以明显提高膜的抗张强度,降低断裂伸长率及热水溶失率,且复合膜具有良好的生物相容性;以聚六亚甲基双胍(PHMB)和丝胶蛋白为原材料制备了一种伤口敷料,结果显示该敷料具有良好的生物相容性,能促进细胞迁移,在大鼠伤口的治疗中显示出明显较低的伤口大小和较高的胶原形成程度;在丝胶蛋白中添加竹源性纤维素纳米纤维(β-CNFs),经超声处理后在水溶液条件中制备生物纳米薄膜,β-CNFs 的加入提高了丝胶蛋白膜的力学性能,该复合膜亲水性能好,并且具有显著的抗氧化性。

8.3　免疫球蛋白的制备

8.3.1 免疫球蛋白概述

免疫球蛋白,又称抗体,是一种由免疫细胞产生的具有高度特异性的蛋白质。它们在机体的免疫防御中起着关键作用。根据免疫球蛋白的化学性质和结构特点,可以将免疫球蛋白分为以下几类。

(1)免疫球蛋白 G(IgG)。这是最常见的免疫球蛋白类型,约占所有免疫球蛋白的 75%。IgG 具有五聚体结构,即五个单体通过二硫键连接在一起。IgG 具有较高的亲和力和较长的半衰期,主要参与体液免疫反应。

（2）免疫球蛋白 A（IgA）。IgA 是人体黏膜免疫的主要抗体,主要存在于分泌液中,如唾液、泪液、乳汁等。IgA 具有六聚体结构,即六个单体通过二硫键连接在一起。IgA 具有较高的亲和力和较长的半衰期,主要参与黏膜免疫反应。

（3）免疫球蛋白 M（IgM）。IgM 是初次体液免疫反应中最早产生的免疫球蛋白,约占所有免疫球蛋白的 15%。IgM 具有四聚体结构,即四个单体通过二硫键连接在一起。IgM 具有较高的亲和力和较短的半衰期,主要参与初次体液免疫反应。

（4）免疫球蛋白 D（IgD）。IgD 是免疫球蛋白家族中唯一没有恒定重链的抗体,约占所有免疫球蛋白的 5%。IgD 具有五聚体结构,即五个单体通过二硫键连接在一起。IgD 主要参与 B 细胞介导的免疫应答。

（5）免疫球蛋白 E（IgE）。IgE 是参与过敏反应的主要免疫球蛋白,约占所有免疫球蛋白的 1%。IgE 具有四聚体结构,即四个单体通过二硫键连接在一起。IgE 具有较高的亲和力和较短的半衰期,主要参与过敏反应。

8.3.2 免疫球蛋白的制备工艺

鸡蛋中含有三种免疫球蛋白,分别为 IgY、IgM 和 IgA,其中 IgM 和 IgA 主要存在于蛋清中,而 IgY 只存在于蛋黄中,因此被称为卵黄免疫球蛋白或卵黄抗体（IgY）。本节主要以 IgY 为例介绍免疫球蛋白的制备工艺。

8.3.2.1 卵黄免疫球蛋白的分离方法

蛋黄中大多数蛋白质是脂蛋白,不易溶于水,而卵黄免疫球蛋白 IgY 是一种水溶性蛋白,因此提取纯卵黄免疫球蛋白的方法可以分为两步:第一步是去除卵黄中的非水溶性成分,分离得到水溶性成分（Water Soluble Fraction, WSF）,即含有 IgY 的粗提物,第二步是对含有 IgY 的粗提物进行纯化得到纯度较高的 IgY。

（1）水稀释法。将蛋黄用蒸馏水或超纯水稀释（稀释 10 倍或更高）后，再调节 pH 使 pH 低于 7 从而促进蛋黄颗粒沉降，最后静置或离心得到上清液，然后对所得上清液进行后续的膜过滤等纯化工序得到 IgY。研究表明，对水稀释后的蛋黄溶液进行低温处理（4℃或 −20℃）可以提高除脂率。水稀释法是一种适合工业生产的方法，因为不添加化学物质，对抗体活性影响较小，对后续纯化过程友好，但是巨大的耗水量（稀释 10 倍或更高）增加了后续处理的操作负荷，并导致 pH 调节困难，并且对水质要求较高。

（2）有机溶剂抽提法。将蛋黄与缓冲溶液稀释后，加入有机试剂，然后静置分层弃去有机油层。有机溶剂法操作简单，除脂效果较好，例如辛酸提取结合硫酸铵沉淀杂质后 IgY 的产量可达 130mg/egg，但是产物中容易有有机溶剂残留，并且辛酸会对抗体活性造成影响，而氯仿残留会增加酶标板的非特异性吸附，对免疫检测不利。

（3）超临界流体萃取法。是从蛋黄粉中提取蛋黄油、卵磷脂的常用方法，而卵黄免疫球蛋白等水溶性组分就成了该过程中的残余"副产品"。

（4）酶解法。酶解法是利用脂肪酶分解脂蛋白，得到多肽和水溶性蛋白质组分，最终得到澄清的混合溶液以便进行后续纯化工序。

8.3.2.2 卵黄免疫球蛋白的纯化方法

（1）无机物沉淀法。也称为盐析法。用盐沉淀 IgY，常用的是硫酸盐。如对水溶性组分用硫酸葡聚糖除脂，然后用硫酸钠盐析，IgY 回收率可达 70%。

（2）有机物沉淀法。即用有机物沉淀 IgY，有机物分为有机溶剂和有机聚合物，有机溶剂多用乙醇。

（3）超滤法。该方法适合工业化生产，一般采用多孔纤维超滤膜来进行超滤，可以结合沉淀法或其他提取纯化方法使用。

（4）亲和色谱法。可分为特异性和非特异性亲和色谱法，是纯化卵黄免疫球蛋白最有效的方法。利用抗原和抗体之间的特异性反应可以进行亲和色谱纯化 IgY，但是要避免洗脱剂使蛋白质变性，因此应尽快除去或中和洗脱剂。

（5）离子交换色谱法。如研究表明，用水稀释法结合天然胶絮凝沉淀除去杂质脂蛋白后,用 DEAE-sephacel 离子色谱柱纯化 IgY,最后得到的 IgY 纯度可达 98%,得率为 70 ～ 100mg/egg。

（6）疏水作用色谱法。利用疏水烃基在高盐环境下与蛋白质的疏水基团相互作用(在亲水多孔的凝胶柱上),从而使蛋白质吸附在色谱柱上。该方法适合盐析提纯后的 IgY 粗品,可以省去脱盐工序。

（7）亲硫色谱法。也叫嗜硫色谱法,是利用砜 - 硫醚基团在高盐环境下(硫酸盐和磷酸盐)选择性地吸附免疫球蛋白,形成亲水性基团。研究表明,用亲硫色谱法纯化 IgY,最后得到 IgY 的纯度可达 98%,回收率可达 85%。

8.4　乳铁蛋白的制备

8.4.1 乳铁蛋白概述

乳铁蛋白(Lacto Ferrin, LF)是一种主要存在于哺乳动物乳汁中的非血红素铁结合糖蛋白。

LF 是一种单多肽链糖蛋白,大约由 600 ～ 700 个氨基酸组成,分子量约为 80kDa。LF 分子结构的两端分别包含一片折叠状的端叶,整体呈现"二枚银杏叶型"的立体结构。

LF 具有下列基本性质。

（1）碱性蛋白。相比于大多数食源性蛋白,LF 具有较高的等电点,为 8.5 左右,是一种典型的碱性蛋白,能够在较宽的 pH 范围内带正电荷,是 LF 可以与其他多种生物大分子结合的基础。

（2）铁结合蛋白。LF 具有很强的铁结合能力。其每个端叶内部缝隙均有一个铁结合位点,N 端和 C 端的相互作用决定了 LF 的铁结合稳定性。但 LF 的 N 端和 C 端具有不同的铁结合稳定性,特别是 C 端结构比 N 端更紧密,N 端具有酸不稳定性,使得 LF 能够可逆地结合铁,且能够维持铁在一个较广的 pH 范围内。

（3）热不稳定性。LF 具有热不稳定性,易受热变性失活。LF 的铁结合量影响其热稳定性,其两叶结构随铁含量的减少而更疏松,使得 LF

的热稳定性随着铁饱和度的降低而降低。研究表明,铁不饱和 LF 在中性或碱性条件下,70℃加热处理 5min 即可使 LF 完全变性失活。

(4)胃消化不稳定性。同大多数蛋白一样,LF 在胃消化阶段易被胃蛋白酶降解。研究表明 LF 在模拟胃液环境中消化 5min 后,仅有40% 左右的 LF 保留。

研究表明,LF 具有多种生物功能,包括广谱抗菌、参与机体铁代谢、抗氧化、抗病毒、调节肠道菌群等,已被广泛应用于生物医药、食品和化妆品等领域。如在婴儿奶粉中强化 LF 可以促进肠道有益菌的生长、帮助婴儿抵抗大肠杆菌、降低病毒等微生物引起的肠炎及腹泻等常见婴儿疾病。

8.4.2 乳铁蛋白的制备工艺

8.4.2.1 层析法

(1)离子层析法。离子交换层析是利用固定相中的一些带电荷的基团与带相反电荷的离子或离子化合物通过静电相互作用结合从而实现目标物质的分离。LF 作为一种典型的碱性蛋白,在正常生理 pH 条件下带正电荷,而其他乳清蛋白大多为酸性蛋白,带负电荷,因此,目前实验室和工业化生产中最常使用阳离子交换树脂从初乳或乳清中分离纯化 LF。卢蓉蓉等[1]结合两次超滤和 SP-Sepharose Fast Flow 强阳离子交换层析从牛初乳中分离纯化得到单一条带的 LF,在中试生产中得到纯度为 94.2% 且回收率为 75.45% 的 LF 精制品。王学万[2]利用一种新型阳离子交换剂 SPEC 70S LS 吸附牛脱脂乳中的 LF,可使 LF 纯度达96.7%,回收率为 74.5%。尽管分离纯化新技术层出不穷,但目前离子层析法仍旧是分离纯化 LF 主要的方法。

(2)亲和层析法。亲和层析是利用固定相特异识别和可逆性结合某相对应的专一分子从而实现目标物分离的一种方法。分离 LF 常

[1] 卢蓉蓉,许时婴,王璋,等. 强阳离子交换色谱法从牛初乳中分离纯化乳铁蛋白的研究 [J]. 食品科学,2007,28(7):48-53.
[2] 王学万. 牛初乳中乳铁蛋白和免疫球蛋白 G 分离与纯化的研究 [D]. 杭州:浙江大学,2011.

见的亲和层析技术根据其配基的不同可以分为肝素亲和层析、金属螯合亲和层析和染料亲和层析等。肝素是一种含硫酸酯的酸性多糖类物质,对凝血酶、LF、脂蛋白等生物大分子有亲和作用。尽管亲和层析技术得到的 LF 纯度较高,但亲和层析介质的成本较高,且吸附量小、效率低,目前难以实现大规模的工业化生产。

8.4.2.2 超滤法

超滤是一种膜分离技术,在外界压力作用下根据膜孔径大小截留分子量较高的物质,水和小分子物质则透过膜,从而达到分离的目的。在 20 世纪 80 年代,日本学者提出利用超滤分离 LF,但该法获得的 LF 纯度较低。于长青等[①] 采用两步超滤法得到 LF 富集物,先后经截留分子量 60kDa 和 100kDa 的超滤膜,最终 LF 的回收率为 69%,浓缩倍数为 2.7。卢蓉蓉等[②] 采用错流方式的板式膜组件,在压力为 0.15MPa 且温度为 40 ~ 42℃ 的条件下先后经过截流分子量为 100kDa 和 50kDa 的超滤膜,最后经 10kDa 浓缩获得纯度为 29.8% 的 LF 粗品。刘江丽[③] 先后采用两种中空纤维超滤膜(100kDa 和 50kDa)在料液温度为 31.8℃、操作压力为 0.2MPa 且 pH7.0 的条件下截留 LF,通过超滤法将 LF 的纯度提高至(66.0 ± 0.5)%。超滤法的样品处理量大、操作简便、成本较低,且条件温和,不会造成 LF 活性的丧失,是一种极具发展潜力的分离技术。据报道,全球最大的 LF 生产商荷兰 DMV 公司就是采用其独特的超滤技术使 LF 的纯度达到 95% 以上。

近几年,随着蛋白分离技术的不断发展,针对分离纯化 LF 的新技术同样在不断进步。除上述在 LF 分离纯化中常用到的层析技术和膜分离技术之外,还有胶质气体泡沫、模拟移动床、电分离、羟磷石灰法、离子液体 – 水两相系统、磁性分离等技术,但目前这些技术仍停留在小规模实验阶段,利用以上新技术实现 LF 大规模工业化生产仍十分具有挑战性。

---

① 于长青,陈秋,周云波,等.超滤技术制备乳铁蛋白制品工艺的研究 [J].黑龙江八一农垦大学学报,1999,11（3）:56-61.
② 卢蓉蓉,许时婴,王璋,等.预分离初乳中乳铁蛋白的超滤工艺 [J].无锡轻工业大学学报,2002,21（1）:67-70+75.
③ 刘江丽,张丽萍.膜分离牛初乳中乳铁蛋白的工艺参数研究 [J].食品工业,2011,32（5）:17-20.

8.5　金属硫蛋白的制备

金属硫蛋白（Metallothioneins，MTs）是一类具有金属离子结合功能的蛋白质，能够为细胞提供稳定的氧化还原环境，实现细胞环境的优化保护。同时硫蛋白降低氧化应激损伤，参与到细胞的调控当中，能够对肿瘤细胞的增殖与分化进行有效限制。

合成金属硫蛋白的方法主要有以下几种。

（1）化学合成法。通过合成化学物质，然后引入金属离子（如铜、锌、镍等），最后使这些金属离子与蛋白质中的硫醇基结合，形成金属硫蛋白。这种方法得到的金属硫蛋白具有较高的纯度和特定的金属离子结合能力。

（2）生物合成法。利用微生物或植物细胞进行生物合成，通过基因工程或传统发酵技术将金属硫蛋白基因导入微生物或植物细胞中，使其表达产生金属硫蛋白。这种方法得到的金属硫蛋白具有较高的生物活性和特定的金属离子结合能力。

（3）基因工程法。通过基因工程手段，将金属硫蛋白基因插入到其他生物的基因组中，使其表达产生金属硫蛋白。这种方法得到的金属硫蛋白具有较高的产量和特定的金属离子结合能力。

（4）化学交联法。将金属离子（如铜、锌、镍等）与蛋白质中的硫醇基进行化学反应，形成金属硫蛋白。这种方法得到的金属硫蛋白具有较高的纯度和特定的金属离子结合能力。

（5）微生物发酵法。利用微生物进行金属硫蛋白的发酵生产，通过优化发酵条件、菌种选择和培养基组成等，可以获得高产、高纯度的金属硫蛋白。这种方法得到的金属硫蛋白具有较高的产量和特定的金属离子结合能力。

在金属硫蛋白的合成过程中，由于其本身是一种可诱导性合成蛋白质，细胞在受到重金属与激素诱导后，会利用其合成功能借助诱导合成相应的蛋白质,从而与金属离子结合。在生物体内进行诱导硫蛋白的合成,主要是金属离子具备的效应元件,被认为金属诱导,金属硫蛋白合成的起始遗传物质序列,具有金属硫蛋白诱导性增强的作用,同时相关研究发现其是转录调控蛋白的识别位点,是金属硫蛋白的遗传物质转录起点。同样在研究中发现重金属镉离子与汞离子的诱导能力较强,并且生成的金属硫蛋白结合牢固,不易被其他金属离子所替换,从而导致生物功能受限。

同样在硫蛋白合成中,锰离子硫蛋白依赖于肝脏的诱导合成,并且对肝脏本身无损伤。砷离子通过金属活性转录因子与应激信号诱导砷离子硫蛋白合成。锌离子作为最重要的诱导金属离子,锌离子在生命中诱导生成的锌离子硫蛋白,能被多种金属置换,因此在重金属解毒方面研究起着决定性作用。同时,结合在金属硫蛋白中的锌还能够行使其他生物学功能,因此锌被认为是最安全最有效的金属硫蛋白诱导。在现有研究中,金属硫蛋白含量的增加往往是机体对现有应激的一种补偿性保护调节机制,从而有效地达到保护调节的作用。

第9章 活性肽与活性蛋白在食品中的应用

活性肽和活性蛋白在食品中有广泛的应用,它们可以作为食品添加剂,提高食品的营养价值、改善食品的口感、质地和外观,同时还有一定的保健功能。活性肽是蛋白质的降解产物,具有多种生物活性。例如,一些活性肽可以促进人体对矿质元素的吸收和利用,有些活性肽可以作为抗菌剂或抗炎剂,还有一些活性肽可以调节人体内的激素水平。因此,在食品中添加适当的活性肽可以改善食品的营养价值和保健功能。例如,将乳清蛋白肽添加到酸奶、奶粉等乳制品中,可以增强免疫力、促进消化吸收。活性蛋白也是食品中常用的添加剂,它们可以作为蛋白质来源,提供丰富的氨基酸和营养成分。同时,有些活性蛋白还具有抗氧化、抗菌、抗炎等生物活性。例如,卵清蛋白、溶菌酶等在食品中广泛应用。这些活性蛋白可以延长食品的保质期,提高食品的口感和质地,同时还有一定的保健功能。

9.1 在抗氧化功能性食品中的应用

9.1.1 抗氧化保健食品概况

抗氧化保健食品是近年来备受关注的一类功能性食品,其作用主要是通过添加具有抗氧化功能的活性物质来清除自由基,从而在延缓衰老、预防慢性疾病等方面发挥作用。目前已经证实具有抗氧化活性的物质有很多种,其中一些已经被广泛应用于抗氧化保健食品中。这些物质包括如下几个方面。

抗氧化剂：如维生素 C、维生素 E、β - 胡萝卜素、硒等，它们可以清除自由基，抑制氧化反应，从而保护细胞和组织不受损伤。

抗氧化酶：如超氧化物歧化酶（SOD）、过氧化氢酶、谷胱甘肽过氧化物酶等，它们可以催化氧化还原反应，调节细胞内的氧化还原平衡，从而保护细胞和组织不受损伤。

在国家卫生健康委员会已批准的抗氧化保健食品中，常见的活性成分还包括灵芝、枸杞、蜂王浆、冬虫夏草、银杏叶、海狗油、壳聚糖、鹿茸、黑木耳、肉苁蓉、山药、桑葚、银耳、黄芪、葡萄籽提取物等天然产物或其提取物。此外，还有一些合成物质如维生素 E、大豆磷脂等也被广泛应用于抗氧化保健食品中。

抗氧化保健食品可以通过各种形式来摄取，如胶囊、片剂、口服液、食品添加剂等。对于不同的人群，抗氧化保健食品的作用也有所不同。例如，对于老年人来说，抗氧化保健食品可以延缓衰老、提高免疫力；对于心血管疾病患者来说，抗氧化保健食品可以预防和减轻心血管疾病的发生和进展；对于肿瘤患者来说，抗氧化保健食品可以抑制肿瘤细胞的生长和扩散。

随着老龄化社会的来临，抗氧化保健食品在整体保健产业中的地位将更加重要。在食品领域中，谷胱甘肽作为生物活性强化剂和营养调节剂，可用于增强肉类风味、稳定酸奶和婴儿食品的营养成分、防止水果褐变等。谷胱甘肽作为功能活性因子，在小肠中被完全吸收，并能帮助上皮细胞解毒。因此，利用谷胱甘肽可以开发出各种具有解毒、抗氧化等功能的食品和保健食品，如饮料、乳制品、肉类制品、谷类制品以及口服液等。随着科技的发展，谷胱甘肽在食品中的应用将更加广泛，人们将享受到更多优质、健康的食品。[1]

9.1.2 抗氧化保健食品的检测方法

抗氧化保健食品的检测方法对于评估其抗氧化效果和功能特性至关重要。以下是对抗氧化作用动物试验的更详细介绍，包括所涉及的具体项目和常用的试验方法。

---

① 杨爱玲.谷胱甘肽研究(开发)[J].甘肃科技，2002，18（1）：82.

9.1.2.1 体重

体重是反映动物健康状况和营养状况的重要指标。在抗氧化作用动物试验中,定期测量动物的体重可以评估抗氧化物质对动物生长和发育的影响。如果抗氧化物质能够有效地延缓衰老、改善健康状况,那么在试验期间,动物的体重可能会保持相对稳定或增长速度减缓。

9.1.2.2 过氧化脂质含量

过氧化脂质是自由基攻击生物膜磷脂产生的氧化产物,包括丙二醛(Malondialdehyole,MDA)和脂褐质等。过氧化脂质的积累会导致细胞功能受损和加速衰老过程。因此,检测过氧化脂质含量是评估抗氧化保健食品效果的重要指标之一。在动物试验中,可以通过测定组织中MDA和脂褐质的含量来评估抗氧化物质对过氧化脂质含量的影响。

9.1.2.3 抗氧化酶活力

抗氧化酶是一类能够清除自由基、抑制氧化反应的酶类,包括超氧化物歧化酶(SOD)和谷胱甘肽过氧化物酶(GPx)等。抗氧化酶的活力与机体的抗氧化能力密切相关。在动物试验中,可以通过测定组织中抗氧化酶的活力来评估抗氧化物质对酶活性的影响。通过检测SOD和GPx等抗氧化酶的活性,可以了解抗氧化物质对机体抗氧化系统的作用和效果。

常用的试验方法包括生存试验和生化试验。生存试验是一种观察生物寿命的试验方法,通过记录生物从出生到死亡的时间,分析不同条件下生物的寿命变化。这种方法可以全面了解抗氧化物质对生物体的作用和影响。生化试验是一种通过检测生物体内各种化学成分和酶活性的方法,用于评估抗氧化物质对机体氧化应激状态的影响。

9.1.3 抗氧化肽的研究概况

近年来,随着人们对健康饮食的日益关注,抗氧化保健食品已成为市场上的热门产品。大量研究发现,肌肽、谷胱甘肽以及大豆肽等生物活性肽具有明显的抗氧化作用。这些活性肽具有低毒、高效的特点,并且来源广泛,可以作为天然食品抗氧化剂应用于功能性食品和饲料等领域。

除了抗氧化作用外,这些生物活性肽还具有其他多种生物活性,如抗菌、抗炎、抗疲劳等。这些作用可以帮助提高人体免疫力和预防慢性疾病的发生。因此,这些生物活性肽逐渐显示出它们在医药、功能性食品以及饲料等领域应用的优势。

为了更好地应用这些生物活性肽,需要进一步研究它们的结构和功能关系,以及在人体内的代谢和作用机制。同时,还需要对它们的生产工艺进行优化,提高产量和纯度,降低生产成本,使其更广泛地应用于功能性食品和医药等领域。

9.1.3.1 肌肽

肌肽,一种独特的抗氧化活性小肽,在陆生脊椎动物骨髓肌中以水溶性二肽形式存在。这种二肽由 β- 丙氨酸和 L- 组氨酸通过肌肽合成酶合成,其浓度范围在 $1 \sim 20$mmol/L。肌肽在多种体系中发挥着抗氧化作用,主要表现在清除活性氧和抗脂质过氧化等方面。

除了抗氧化作用,肌肽还具有其他多种生物活性。例如,它可以作为神经保护剂,保护神经元免受氧化应激和兴奋性毒性的损害。此外,肌肽还具有抗炎和抗疲劳作用,能够减轻炎症对组织的损伤,提高运动耐力和恢复能力。

为了更好地利用肌肽的生物活性,科学家们正在不断研究其作用机制和制备工艺。通过深入了解肌肽的结构与功能关系,可以进一步优化其制备工艺,提高产量和纯度,降低生产成本。这将有助于将肌肽更广泛地应用于功能性食品、医药和饲料等领域,为人类的健康事业做出更大的贡献。

（1）肌肽对活性氧的清除作用

肌肽对活性氧的清除作用是其在抗氧化领域的重要贡献之一。在生物学和医学领域中,活性氧是一类具有高度反应性的氧分子,如羟基自由基（·OH）和超氧阴离子（O_2^-）,它们在细胞信号转导、免疫防御和细胞凋亡等生理过程中发挥重要作用。然而,过量的活性氧会导致氧化应激,对细胞和组织造成损害,并与许多疾病的发生和发展有关。因此,清除活性氧对于维护细胞健康和预防疾病具有重要意义。

肌肽对活性氧的清除作用已经在多项研究中得到证实。除了直接清除活性氧外,肌肽还具有捕捉羟基自由基的能力。羟基自由基是一种非常活泼的活性氧,具有极强的氧化能力和细胞毒性。通过使用铁催化产生羟基自由基并观察其对脱氧核糖降解的影响,研究发现加入肌肽可以有效抑制脱氧核糖的降解。这表明肌肽能够与羟基自由基发生反应,从而清除或减少其对细胞的损害。

生育酚是一种脂溶性抗氧化剂,与肌肽协同作用可以更有效地清除活性氧。这种协同作用有助于提高抗氧化效果,进一步保护细胞免受氧化应激的损害。肌肽对 PC_{12} 细胞也具有显著的抗氧化保护作用。当 PC_{12} 细胞受到 H_2O_2 和 $\beta-$ 淀粉样蛋白片段的诱导时,肌肽能够显著降低这些因素引发的细胞损伤。其保护机制可能与肌肽与自由基直接结合、阻止脂质过氧化、蛋白质糖基化和交联,以及还原过氧化的细胞膜有关。这些作用有助于保持膜结构的稳定和酶的正常功能,进而维持细胞的稳态。

9.1.3.2 大豆肽

近年来,有研究显示大豆蛋白酶解物在体外展现出显著的抗氧化活性。这种活性不仅表现在抗亚油酸脂质过氧化方面,还从这些酶解物中分离出了 6 种具有抗氧化功能的活性肽。其中,一个由 5 个氨基酸(Leu-Leu-Pro-His-His)组成的小肽,因其分子量最小而备受关注。

大豆分离蛋白酶解物展现出清除自由基的独特能力,其中分子量介于 5154 ~ 11355 的肽段具有最强的清除效果。这种清除能力主要与这些肽段暴露的氨基酸侧链基团以及肽序列的特性有关。

9.1.3.3 其他抗氧化肽

(1)丙谷二肽

丙谷二肽(Ala-Gln),也被称为 L- 丙氨酰 -L- 谷氨酰胺二肽,是一种合成二肽化合物。这种化合物在水中表现出极强的稳定性,即使在高温条件下也能保持其结构完整性。

近年来,关于丙谷二肽的研究不断深入。有研究显示,丙谷二肽对于烧伤大鼠具有显著的保护作用。它可以明显升高烧伤大鼠血液中的谷胱甘肽水平和超氧化物歧化酶(SOD)活性,从而增强其抗氧化功能。同时,丙谷二肽还能降低血清黄嘌呤氧化酶活性,进一步减少氧化应激对机体的损伤。这些作用使得烧伤大鼠的死亡率降低,显示出丙谷二肽对于烧伤治疗的巨大潜力。

除了对烧伤大鼠具有保护作用,丙谷二肽还具有许多其他的生理功能和临床应用价值。它能够促进肌肉蛋白合成,改善危重病人的临床与生化指标,维持肠道功能,保持机体氮平衡,增强免疫功能等。更为重要的是,丙谷二肽对机体无任何毒副作用,这使得它在临床应用中具有很高的安全性。

目前,丙谷二肽已经在欧美等发达国家作为肠外营养制剂广泛使用。这不仅因为其卓越的生理功能和临床效果,更因为其安全性和便利性。随着研究的深入,相信丙谷二肽将在未来的医疗领域中发挥更加重要的作用。

(2)灵芝肽

灵芝(Ganoderma lucidum)作为中华医药的瑰宝,具有极高的药用价值。在室温下以水浸提发酵灵芝粉,通过超滤膜技术除去大分子化合物,收集小分子部分。进一步通过活性炭脱色和色谱分离技术,可以得到水溶性灵芝肽(Ganoolerma Lucidum Peptides,GLP)。GLP 为多种水溶性肽的混合物,经氨基酸分析仪分析得知肽含量为 91.5%。

灵芝中的水溶性灵芝肽(GLP)在体外表现出明显的抗氧化作用。其抗氧化机制可能与抑制红细胞自氧化溶血、降低肝匀浆中 MDA 的生成以及抑制线粒体肿胀度和降低线粒体中 MDA 的生成有关。这为灵芝肽在抗氧化和相关疾病治疗中的潜在应用提供了有力依据。

(3)乳铁蛋白活性肽

乳铁蛋白是一种铁结合性糖蛋白,分子量为 80000。它含有 2 个铁结合部位,并含有多种糖基化成分,如甘露糖、半乳糖、乙酰葡萄糖胺和唾液酸等。牛和人的乳铁蛋白在氨基酸序列上具有高度相似性,约有 70% 的氨基酸序列一致。

乳铁蛋白具有抗氧化活性,可以抑制氧自由基的产生。它通过结合铁离子来阻断铁离子导致的脂质氧化和氧自由基的生成。因此,乳铁蛋白的抗氧化机制主要是通过螯合易引起氧化的铁离子来实现的。

9.2 在增强免疫力功能性食品中的应用

9.2.1 增强免疫力保健食品概况

免疫调节功能是保健食品的重要功能之一,被广泛认为能够增强人体的免疫力,提高抵抗力,预防疾病,促进健康。随着时间的推移,免疫调节功能在保健食品领域中的地位逐渐提升。

目前已证实的免疫调节活性物质包括蛋白和活性肽类、低聚糖和多糖类、皂苷类、脂肪酸类、维生素和微量元素类、细菌及其裂解产物类、果胶类、多酚类、合成化学物类等。这些物质在保健食品中发挥着重要的作用,为人们的健康保驾护航。

随着人们对健康的关注度不断提高,免疫调节功能保健食品市场前景广阔。未来,随着科技的进步和新原料的发现,免疫调节功能保健食品将会更加丰富多样,为人们的健康提供更多的选择和保障。

9.2.2 增强免疫力保健食品检测方法

在保健食品的检测中,动物试验和人体试食试验是两个关键的环节。动物试验是评估保健食品对动物健康影响的重要手段,而人体试食试验则能够更准确地反映保健食品对人体的作用。

动物试验的检测项目多种多样,包括 ConA 诱导的小鼠脾淋巴细胞转化试验、迟发性变态反应(Delayed type hypersensitivity, DTH)试验、抗体生成细胞检测、血清溶血素的测定、小鼠碳廓清试验、小鼠腹腔巨噬细胞吞噬鸡红细胞试验以及 NK 细胞活性测定等。这些检测项目涵盖了免疫系统的多个方面,能够全面评估保健食品对免疫系统的影响。[1]

在人体试食试验中,一般会检测人外周血淋巴细胞转化试验、免疫

---

[1]　刘浩,于芳.硫酸软骨素钠含量检测方法的对比研究 [J].黑龙江医药,2017,30 (5): 966-969.

球蛋白 IgG、IgA 和 IgM 的测定、吞噬与杀菌试验以及 NK 细胞活性测定等项目。这些检测项目能够反映保健食品对人体免疫系统的作用,从而为产品的安全性和有效性提供有力证据。

值得注意的是,在进行人体试食试验时,需要严格遵守伦理规范,确保受试者的权益和安全。同时,还需要对试验数据进行严格的分析和处理,确保结果的准确性和可靠性。

9.2.3 免疫调节肽的研究概况

免疫调节肽是指对人体的免疫系统具有调节功能的生物活性肽。这些肽类物质通过影响免疫系统的不同方面,增强或抑制免疫反应,从而达到调节免疫系统的效果。

免疫调节肽根据其来源可分为多种类型,其中包括天然免疫调节肽、化学合成免疫调节肽以及生物工程合成免疫调节肽等。在这些类型中,天然免疫调节肽在医药领域的应用尤为重要。据统计,全球销售的药物中有约 30% 来源于天然产物,这表明天然产物在药物研发中的重要地位。

化学合成和生物工程合成的免疫调节肽多数也是以天然产物为基础。通过利用药物设计工具,科研人员可以确证天然成分的结构与活性之间的关系,从而对其进行模拟和修饰,进而获得具有特定免疫调节功能的合成肽。

天然免疫调节肽主要来源于微生物、植物和动物三大领域。这些肽类物质在自然界中广泛存在,并在维护生物体的健康方面发挥着重要作用。通过深入研究这些天然免疫调节肽的组成和功能,我们可以更好地了解它们的生物活性,并探索其在医药和其他领域的应用潜力。下面以微生物为例进行讨论。

(1)羟苯丁酰亮氨酸(bestatin, BTT)

羟苯丁酰亮氨酸(BTT)是一种从橄榄色链霉菌属中分离得到的低分子二肽化合物。这种化合物在生物体内具有显著的免疫调节作用,特别是能够增强自然杀伤细胞(NK 细胞)的活性。NK 细胞是人体免疫系统的重要组成部分,它们能够识别并消除病毒感染的细胞和癌细胞,从而维护身体健康。

BTT 通过激发细胞免疫系统的反应,促进免疫细胞的增殖和分化,进而提高 NK 细胞的活性和数量。这种增强作用使得免疫系统能够更加有效地识别和清除潜在的病原体和异常细胞。此外，BTT 还能够促进抗体的产生，进一步增强体液免疫反应的效力。

由于其在免疫调节方面的独特作用，羟苯丁酰亮氨酸在医药领域具有广泛的应用前景。它可能被开发为一种新型的免疫增强剂，用于辅助治疗免疫功能低下相关的疾病，如感染、癌症等。同时，BTT 的研究也为深入了解免疫系统的调节机制提供了新的视角和工具。

（2）环孢素 A（CyclosporinA, CsA）

环孢素 A（CsA）是由真菌产生的一种独特的亲脂性环状多肽。在 1971 年被分离得到后，因其强大的选择性免疫抑制特性而备受关注。作为一种免疫抑制剂，CsA 主要通过干扰 T 淋巴细胞的信息传递通道来抑制其功能。此外，它对其他免疫效应细胞如肥大细胞、嗜碱性粒细胞、嗜酸性粒细胞、单核巨噬细胞及中性粒细胞等也有明显的抑制作用。

与传统免疫抑制剂相比，CsA 具有更高的选择性、较低的毒副作用、较低的感染概率等特点。因此，它在器官和组织移植中广泛用于抗排斥反应和移植物抗宿主病（Graft-Versus-Host Disease, GVHD）的治疗。此外，CsA 还用于治疗各种自身免疫性疾病、难治性皮肤病、血液病及眼科疾病。

（3）其他微生物来源的免疫调节肽

除了环孢素 A（CsA）之外，还有许多从不同微生物培养液中提取的免疫增强肽和免疫抑制剂，它们在调节免疫系统方面发挥着重要的作用。其中，氨肽酶抑制剂（Aminopeptidase Inhibitor）是从链霉菌培养液中提取的一种免疫增强肽。它能够抑制氨肽酶的活性，进而影响细胞内的信号传导和细胞生长。研究表明，氨肽酶抑制剂可以增强免疫细胞的活性和功能，提高机体的免疫力，对一些感染性疾病和自身免疫性疾病的治疗具有一定的潜力。

另一类具有代表性的免疫增强肽是三棕榈酰五肽（TriPalmitoyl Pentapeptide），它从大肠杆菌（Escherichia coli）的培养液中被提取出来。这种五肽分子可以模拟人体的内源性免疫刺激分子，激活免疫细胞的信号转导途径，提高机体的免疫力。在临床研究中，三棕榈酰五肽被证实能够增强免疫功能，对一些感染性疾病和肿瘤的治疗具有积极的作用。

同时，也存在一些免疫抑制剂，其中新月环 6 肽（Cyclomunine）是从马霉菌的培养液中提取的。它是一种具有环状结构的六肽分子，能够抑制 T 淋巴细胞的活化，从而抑制免疫反应。在某些自身免疫性疾病和移植排斥反应的治疗中，新月环 6 肽被用作免疫抑制剂，以降低过度的免疫反应对机体的损害。

另一类免疫抑制剂是毒覃草环肽 A（Mushroom Cycloamanide A），它是从鬼笔鹅膏菌的培养液中提取得到的。这种环状多肽分子可以抑制 T 细胞和巨噬细胞的活化，进而抑制炎症反应和免疫反应。在临床研究中，毒覃草环肽 A 被用于治疗一些自身免疫性疾病和炎症性疾病，如类风湿性关节炎和溃疡性结肠炎等。

这些免疫增强肽和免疫抑制剂的发现和研究为人类提供了更多的药物选择和治疗策略。它们不仅在医学领域有广泛的应用前景，而且在生命科学领域的研究中也具有重要意义。

9.2.4 乳铁蛋白在增强免疫功能性食品中的应用

乳铁蛋白（Lactoferron，LF）是一种具有多种生物活性的蛋白质。在免疫系统中，噬中性粒细胞是含有 LF 最多的细胞，当机体受到感染时，这些细胞会释放出 LF，通过夺取致病菌的铁离子导致其死亡。

LF 的另一个重要特性是它可以与脂多糖结合，这有助于防止细胞膜免疫失控的发生。这一特性使得 LF 在许多发达国家引起了众多专家和机构的关注。在国外，LF 已被广泛应用于乳制品中，如酸乳和婴儿配方乳粉。尤其是婴儿配方乳粉，由于其营养价值和健康效益，成为了 LF 的主要应用领域之一。在我国，国家卫生健康委员会在国家标准《食品添加剂使用卫生标准 GB 2760-2004》中批准允许在婴儿配方乳粉中添加 LF。然而，到目前为止，没有任何生产企业在婴儿配方乳粉中添加 LF。

因此，对于婴儿配方乳粉的生产企业来说，研究如何在规定的添加量范围内合理设计配方，以满足婴儿的营养需求并保证产品的安全性，是一个重要的研究方向。这不仅有助于推动我国婴儿配方乳粉产业的健康发展，也有助于提高我国婴儿的健康水平和生活质量。

9.3 在降低胆固醇功能性食品中的应用

在 20 世纪初,科学家们就已经发现植物蛋白的水解产物蛋白肽具有令人惊讶的降血脂、降胆固醇作用,其效果甚至超过了原始的植物蛋白。多肽能够刺激甲状腺激素的分泌,从而促进胆固醇的胆汁酸化。这意味着胆固醇被转化为一种更容易排泄的形式,进而降低血液中的胆固醇水平。

在众多的动物实验和临床试验中,大豆多肽的降胆固醇效果得到了反复验证。其中,相对分子质量大于 5000 的部分显示出最为显著的效果。而且,这种效果仅在胆固醇值偏高的人群中体现,对正常人的胆固醇水平没有影响。

为了进一步证实大豆多肽的效果,科学家们进行了大鼠实验。结果显示,饲喂大豆多肽的大鼠其血清胆固醇浓度明显低于仅饲喂大豆蛋白的大鼠。具体数据为:大豆蛋白组的大鼠血清胆固醇浓度为 $340 \pm 20 \text{mg/dL}$,而大豆多肽组仅为 $99.4 \pm 6.6 \text{mg/dL}$。在肝脏胆固醇含量方面,大豆蛋白组为 $69.5 \pm 27 \text{mg/g}$,而大豆多肽组仅为 $7.70 \pm 0.97 \text{mg/g}$。这些数据有力地证明了大豆多肽能显著降低血清和肝脏中的胆固醇含量。

此外,科学家们还发现,饲喂大豆多肽的大鼠粪便中的胆固醇含量明显高于仅饲喂大豆蛋白的大鼠。这为我们揭示了大豆多肽如何发挥作用并促进胆固醇的排出。目前,虽然具体是哪些成分导致了这一效果尚不明确,但日本学者菅野等人的研究为我们提供了一些线索,这为大豆多肽在生产降胆固醇保健食品中的应用提供了强有力的支持。

大豆多肽的降胆固醇作用已经得到了广泛的证实,其作用机制也得到了初步揭示。这一发现不仅为我们提供了一种新的、天然的降胆固醇方法,而且为生产降胆固醇保健食品提供了新的原料选择。随着研究的深入,我们期待大豆多肽在未来能为更多高胆固醇人群带来福音。

9.4　在抗疲劳功能性食品中的应用

9.4.1 疲劳产生的机制

无论进行的是体力活动还是脑力活动,当时间和强度达到一定程度时,人们会感到疲劳,表现为肌肉酸痛、全身无力或疲倦。这种状态被称为疲劳。从生理学的角度来看,疲劳最主要的表现为肌肉活动对能量代谢的影响。当肌肉收缩时,ATP(三磷酸腺苷)首先被分解,释放出的能量是肌肉收缩的直接能源。然而,肌肉收缩的直接能源是 ATP,而 ATP 的供应和维持则依赖于多种因素。首先是磷酸肌酸,其次是不停地消耗氧气、生成二氧化碳的过程,通过糖原、脂肪酸等营养素的氧化来生成 ATP,第三是通过生成乳酸的糖酵解过程来生成 ATP。

当肌肉进行中等强度以下的运动时,仅靠氧化过程就可以维持磷酸肌酸的再合成,因此不会产生乳酸。然而,当疲劳发生时,由于能量消耗的增加,机体的需氧量也会增加。为了满足这一需求,呼吸系统和循环系统的功能必须加强。心率加快、血压升高、呼吸次数增加,肺通气量也大大增加。

疲劳还会导致工作效率降低、反应迟钝、学习效率下降等负面影响。如果疲劳持续时间过长而没有得到适当的休息,可能会导致过度劳累和健康问题。除了可能导致身体某一部分器官和系统过度紧张并引发各种类型的疾病外,疲劳还可能影响新陈代谢、电解质分布和尿中各种物质的排泄。

9.4.2 抗疲劳功能性食品研究概况

疲劳的发生是多种综合因素导致的,各个环节紧密相连,仅仅针对其中某一个环节来抗疲劳是不全面的。因此,未来的抗疲劳保健食品开发需要更加注重全面性,针对多种因素进行研究和开发。

除了传统的抗疲劳保健食品外,未来还有可能涌现出更多新型的抗疲劳产品。例如,一些新型的抗疲劳保健食品可能会结合传统中医理论和现代营养学,采用天然植物提取物、中草药等成分来缓解疲劳。此外,随着人们对健康的关注度不断提高,抗疲劳保健食品也需要满足不同人群的需求,例如针对不同年龄段、不同职业的人群等。

9.4.3 抗疲劳产品的评价方法

在当今社会,疲劳已经成为许多人面临的问题,而国家对于"抗疲劳"功能的检验方法也日益严格。目前,这种检验方法结合了两项运动试验和三项生化指标的结果判定。

两项运动试验分别是小鼠负重游泳试验和小鼠爬高试验。在游泳试验中,小鼠被要求在负重的情况下游泳,通过观察其游泳时间和力竭情况来判断其疲劳程度。而在爬高试验中,小鼠需要攀爬一定高度的斜坡,通过测量其攀爬时间和速度来评估其疲劳状况。

除了运动试验外,还有三项生化指标被用来判定疲劳状态,它们分别是血乳酸、血清尿素氮和肝糖原含量。为了提高耐力和运动能力,抵抗疲劳的产生,人们通常会注重糖原的储存量。增加糖原储备量的方法有很多种,如摄入更多的糖分、进行适当的有氧运动等。同时,为了更有效地判断抗疲劳效果,科学家们也在不断探索新的检测技术和方法。

9.4.4 生物活性肽在抗疲劳产品中的应用

在运动过程中,机体的蛋白质合成受到一定的抑制,这使得肌肉组织受到损伤,能量代谢物质减少。为了快速消除疲劳并维持或提高运动能力,及时地从体外补充蛋白质是非常必要的,这样可以弥补体内蛋白质的消耗,避免骨髓肌蛋白质的负平衡。研究表明,许多活性肽具有改善疲劳症状的潜力,因此它们被广泛应用于抗疲劳功能性食品中。这些活性肽可以通过多种机制发挥抗疲劳作用,例如促进能量代谢、减少乳酸的产生、增强免疫功能等。

9.4.4.1 高 F 值低聚肽在抗疲劳产品中的应用

（1）运动领域

高 F 值寡肽能够促进长时间运动人员的肌肉摄取支链氨基酸,减少芳香族氨基酸进入血液,从而有助于减轻中枢疲劳。这对于提高运动员的运动表现和恢复能力具有重要意义。此外,对于一般人群,高 F 值寡肽也可以用于增强耐力和减轻疲劳,提高身体的工作能力。

（2）肠道健康

高 F 值寡肽能够促进肠道对支链氨基酸的吸收,这有助于维持肠道健康和微生物平衡。在某些肠道疾病或消化系统紊乱的情况下,高 F 值寡肽可能有助于改善肠道功能,促进营养吸收和恢复肠道健康。

（3）营养强化剂

高 F 值寡肽作为一种营养强化剂,可以添加到食品中,提高食品的营养价值和保健功能。例如,在运动饮料、能量棒或其他功能性食品中添加高 F 值寡肽,可以提供额外的氨基酸来源,促进肌肉恢复和提高运动表现。此外,高 F 值寡肽还可以用于婴儿奶粉、老年人食品等特定人群的营养补充。

（4）医学和药物领域

高 F 值寡肽在医学和药物领域也有潜在的应用价值。例如,作为药物载体或靶向分子,用于药物的定向传输和释放;或用于研究支链氨基酸代谢与疾病的关系,为开发新的治疗策略提供依据。

除了上述领域外,高 F 值寡肽还可能在美容、化妆品、生物传感器等方面有潜在的应用。例如,作为保湿剂、抗衰老成分或生物标记物用于美容产品;或作为生物传感器用于检测支链氨基酸的浓度和变化。

9.4.4.2 谷胱甘肽在抗疲劳产品中的应用

谷胱甘肽(glutathione, GSH)作为一种具有广泛生理功能的生物活性物质,不仅在运动领域有重要作用,还在美容护肤、肝脏疾病治疗、神经退行性疾病等领域具有潜在的应用价值。随着研究的深入,谷胱甘肽和其他生物活性肽的应用前景将更加广阔。

（1）美容护肤

谷胱甘肽在美容护肤领域的应用，主要得益于其强大的抗氧化和清除自由基的能力。随着年龄的增长，皮肤会受到各种内外因素的损伤，导致皮肤细胞的代谢和修复能力下降，进而引发皮肤老化、色斑、皱纹等问题。谷胱甘肽能够通过中和自由基、抑制氧化应激反应等途径，有效保护皮肤细胞免受损伤，减缓皮肤老化的进程。

在护肤品中添加谷胱甘肽，可以发挥其美白、保湿、抗衰老等多重功效。谷胱甘肽能够抑制黑色素的形成，减少色斑和雀斑的出现，使皮肤更加明亮透亮。同时，谷胱甘肽能够促进皮肤细胞的代谢和更新，加速新细胞的生成，从而改善皮肤的弹性和紧致度，减少皱纹的产生。此外，谷胱甘肽还能够增加皮肤的保湿度，缓解皮肤干燥、脱屑等问题，使皮肤更加水润柔嫩。

为了更好地发挥谷胱甘肽在美容护肤中的作用，可以结合其他护肤成分和手段进行综合治疗。例如，可以结合维生素C、熊果苷等美白成分，加强美白效果；结合胶原蛋白、透明质酸等成分，提升皮肤的弹性和保湿度；结合激光、光子嫩肤等物理治疗方法，进一步改善皮肤的质地和外观。

（2）肝脏疾病治疗

谷胱甘肽在肝脏疾病治疗中的应用，主要基于其对肝脏的保护作用。肝脏是人体的重要器官，负责代谢、解毒、免疫等多种功能。然而，在某些疾病状态下，肝脏容易受到氧化应激和毒素的损害，导致肝功能受损和疾病进展。谷胱甘肽作为肝脏中天然存在的抗氧化物质，能够清除自由基、抑制氧化应激反应，从而减轻肝脏的氧化损伤。

谷胱甘肽在肝脏疾病治疗中的应用，可以作为辅助治疗手段。对于肝炎、肝硬化等疾病，谷胱甘肽可以改善肝功能、减轻肝组织损伤、缓解临床症状等。通过抑制炎症反应、减少细胞凋亡和促进细胞再生等，谷胱甘肽有助于减轻肝脏疾病的进展，提高患者的生存率和生活质量。

除了药物治疗外，谷胱甘肽还可以通过饮食补充和营养支持来发挥肝脏保护作用。富含谷胱甘肽的食物包括水果、蔬菜、全谷类等，这些食物中的抗氧化物质和维生素等成分有助于提高谷胱甘肽的生物利用度。对于肝脏疾病患者，合理搭配饮食，适当补充富含谷胱甘肽的食物，有助于改善肝功能和促进康复。

（3）神经退行性疾病

谷胱甘肽在神经退行性疾病治疗中具有潜在的应用价值。帕金森病、阿尔茨海默病等神经退行性疾病是由于神经元细胞的死亡和功能丧失所导致的。谷胱甘肽作为一种抗氧化物质，能够清除自由基、抑制氧化应激反应，从而保护神经元细胞免受损伤。

研究表明，谷胱甘肽可以增加神经元细胞对氧化应激的抵抗力，减少细胞凋亡和坏死。通过抑制炎症反应、改善线粒体功能、调节细胞内钙离子浓度等多种机制，谷胱甘肽有助于保护神经元细胞免受帕金森病、阿尔茨海默病等疾病进程中的损伤。

此外，谷胱甘肽还可以促进神经再生和修复。在神经系统损伤或疾病状态下，谷胱甘肽能够促进神经干细胞增殖分化、促进轴突生长和突触形成，从而有助于恢复神经系统的结构和功能。

尽管谷胱甘肽在神经退行性疾病治疗中具有潜在的应用价值，但目前仍处于研究阶段。为了更好地发挥谷胱甘肽的作用，需要进一步的研究和临床试验来验证其在不同疾病中的疗效和安全性。此外，还需要探索谷胱甘肽与其他治疗手段的联合应用，以提高治疗效果和提高患者的生活质量。

除了高 F 值寡肽和谷胱甘肽外，还有许多其他具有生物活性的肽类物质。这些肽类物质在生物体内发挥着重要的生理功能，如调节代谢、免疫、神经传导等。随着对生物活性肽的深入研究，未来还可能出现更多具有独特功能的生物活性肽，为医疗、保健、美容等领域提供新的应用前景。

9.4.4.3 肌肽在抗疲劳产品中的应用

肌肽和鹅肌肽作为天然小分子二肽，在现代营养学和生物医学中受到了广泛的关注。这些短肽的结构简单，但却拥有多种生物学功能，对于人体的健康维护具有重要的意义。

（1）肌肽和鹅肌肽能够被人体快速吸收并发挥生物学功能，这得益于现代研究的深入理解。当人体摄取含有两三个氨基酸的短肽时，这些短肽能够迅速被肠道吸收，进入血液循环，直接作用于靶器官，发挥其生物学功能。这一发现为营养学和医学领域提供了新的研究方向和应用前景。

（2）肌肽和鹅肌肽具有多种生物学功能。它们能够清除自由基、抗氧化、抗疲劳、抗衰老,同时还具备提高记忆力和舒缓精神压力的作用。这些功能使得肌肽和鹅肌肽在抗衰老、提高身体素质以及脑力活动方面具有广泛的应用价值。例如,在运动员、老年人或脑力劳动者等需要快速恢复体力或提高认知能力的人群中,肌肽和鹅肌肽可以发挥重要作用。

（3）肌肽和鹅肌肽还具有改善代谢和内分泌的作用。肌肽能够提高机体的抗氧化酶活性和糖原储备,降低血清尿素氮和乳酸的水平,从而促进新陈代谢和能量代谢。鹅肌肽也有类似的作用,同时还能够调节内分泌激素的水平,如增加生长激素的分泌等。这些作用对于维护人体健康和提高身体素质具有重要意义。

除了作为保健品添加剂外,它们还可以应用于药物开发、化妆品等领域。随着人们对健康和营养的重视程度不断提高,对肌肽和鹅肌肽的需求也将不断增加。因此,对其结构和功能的深入研究将有助于推动相关产业的发展和进步。

9.4.4.4 大豆肽在抗疲劳产品中的应用

大豆肽是大豆蛋白经过蛋白酶处理后形成的水解产物,具有必需氨基酸比例平衡、含量丰富的特点。它具有高营养价值,理化特性和营养特性优于蛋白质和氨基酸。大豆肽在食品工业中有广泛应用,也被用于抗疲劳产品。动物试验表明,大豆肽能明显改善疲劳症状和提高耐力。它通过增加肌糖原和肝糖原来维持运动时所需的血糖水平,从而为机体提供更多能量来达到抗疲劳的目的。人群试验也证实大豆肽具有明显的抗疲劳效果。大豆肽可提高运动员的体重、肌肉力量和血清总钙含量,降低训练课后疲劳感。大豆肽可促进蛋白质合成,促进骨髓肌损伤组织的修复以及减少细胞内肌酸激酶外渗。中国国家体育总局运动医学研究所的研究证实大豆肽可促进力量项目运动员肌肉的恢复,提高抗疲劳能力。解放军总后勤部军需装备研究所军用食品室研制了一种应用了大豆低聚肽和左旋肉碱的抗疲劳饮料配方,通过燃烧脂肪供能迅速恢复体力。动物试验中观察的抗疲劳功能的两项重要指标出现阳性结果,提示该组方具有一定的抗疲劳功能。

9.4.4.5 玉米肽在抗疲劳产品中的应用

玉米肽是从玉米蛋白粉中提取的低分子量寡肽混合物,分子量一般在 2000 以下。它富含支链氨基酸,具有促进蛋白质合成和抑制蛋白质分解的功能,并能直接向肌肉提供能量,具有良好的抗疲劳保健功效。动物试验研究表明,喂饲玉米肽的小鼠游泳时间和爬杆时间显著提高,血清尿素氮含量降低,肝糖原含量提高,可延缓疲劳的出现。同时,玉米肽具有促进体力性疲劳消除的作用,能够调整体内代谢和快速加强体质恢复,具有良好的抗体力性疲劳作用。

9.4.4.6 海洋肽在抗疲劳产品中的应用

海洋生物是保健食品未来的重要原料来源。海洋生物技术为从海洋中获得更多食物、药物和其他生物制品提供了重要技术支撑。

海参是营养丰富的海产珍品,含有高蛋白、低脂肪、矿物质和维生素。海参肽是海参经过蛋白酶水解得到的蛋白质水解产物,主要由小分子肽组成,含有多种功效成分和微量元素。海参肽具有明显的抗疲劳作用,能增加动物的有氧运动能力,提高运动耐力。

除了海参肽,鲑鱼肽也是从海洋生物中提取的一种具有显著抗疲劳和抗氧化功效的生物活性多肽。鲑鱼是一种喜欢逆流而上的鱼类,其肌肉中含有大量抗疲劳因子。鲑鱼肽具有显著的抗疲劳功效,能提高运动耐力,降低血清乳酸含量,增加肝糖原含量。海星提取肽能保持有氧运动能力,促进运动后恢复,调节免疫球蛋白改变。

9.4.4.7 乳源性免疫调节肽在抗疲劳产品中的应用

乳源性免疫调节肽(Immunomodulating Peptide, IMP)是一类具有显著抗疲劳作用的生物活性肽。这些肽类物质来源于乳酪蛋白,经过特定的酶解过程被提取出来。其中,来源于牛 β - 乳酪蛋白 63 ～ 68 片段(Pro-Cly-Pro-Ile-Pro-Asn, PGPIPN)的免疫调节肽,经过动物试验研究发现,它在抗疲劳方面具有显著效果。

当给小鼠灌胃给予 PGPIPN 后,经过 14 天的持续喂养,小鼠在进行负重 5% 的游泳试验时,游泳时间明显长于对照组动物。这一结果直接证明了 PGPIPN 能够显著增强小鼠的抗疲劳能力。

疲劳的产生与糖原的消耗和乳酸的积累密切相关。糖原是运动的重要能源,其储存量的多少直接决定了运动能力的强弱。在剧烈运动时,肌肉中的糖原会被大量消耗,同时产生乳酸堆积。乳酸的堆积会导致肌肉酸痛,并产生疲劳感。[①]

PGPIPN 的作用机制涉及多个方面。它能够加速肌肉中过多乳酸的清除,减少乳酸的积累。这是因为 PGPIPN 能够提高乳酸脱氢酶(LDH)的活性,使得组织中的乳酸能够更快速地转化为丙酮酸,进而继续参与代谢过程。

此外,PGPIPN 还能够降低肌酸激酶(CK)的活性。CK 主要分布于心肌、骨髓肌和脑组织中,其功能与细胞能量代谢密切相关。当肌肉处于极度疲劳状态时,CK 活性会比正常水平高出很多。因此,CK 活性的高低可以作为衡量肌肉疲劳程度以及恢复状况的重要指标。

通过动物实验研究发现,喂饲 PGPIPN 的小鼠,其肌肉和肝脏中的 CK 活性明显降低。这一结果表明,PGPIPN 在解除体力疲劳、恢复机体活力中起着重要的作用。

除了上述作用机制外,PGPIPN 还可能通过其他途径发挥抗疲劳作用。例如,它可能通过调节内分泌系统、增强免疫功能、抗氧化应激反应等方式来提高机体的抗疲劳能力。这些作用机制还有待进一步的研究和探索。

9.4.5 补充生物活性肽抗疲劳的原理及适宜时机

运动时,人体内热量的消耗是一个复杂的过程,其中 4% ~ 10% 的热量是由蛋白质的分解提供的。值得注意的是,人体内并不储存蛋白质,同时蛋白质的合成也会受到抑制。此时,肌肉蛋白质发生降解,氨基酸被氧化,以及葡萄糖发生异生作用,这些过程导致体内蛋白质的利用率增加。

为了防止肌肉蛋白的负平衡,从而引发肌肉疲劳,必须及时从外部

---

① 顾芳,秦宜德,董华胜,等 . 乳源免疫调节肽对小鼠抗氧化和抗疲劳作用研究[J]. 营养学报,2006,28(4):326-328.

补充氨基酸。在运动过程中,活性肽发挥着重要的作用。这些肽在肌肉组织中被氧化脱氨,一方面生成相应的 $\alpha-$ 酮酸进入三羧酸循环进行氧化供能,另一方面脱下来的氨基与丙酮酸或谷氨酸偶联,促使丙氨酸和谷氨酸酰胺的形成,从而提供能量物质。在某些紧急情况下,这些肽可以直接为肌肉提供能源。

为了达到最佳效果,生物活性肽的补充时机也非常关键。通常在运动后的 15 ～ 30 分钟以及睡眠后的 60 分钟时,刺激蛋白质合成的激素分泌达到高峰。因此,在这两个时间段内提供消化、吸收性良好的生物活性肽对肌肉力量的增加非常有效。

9.5 在减肥功能性食品中的应用

肥胖是一个全球性的健康问题,它不仅影响美观,更严重的是可以导致一系列的疾病,如心血管疾病、糖尿病等。近年来,随着人们生活水平的提高和饮食结构的改变,肥胖的发生率也在逐年上升。因此,减肥成为了很多人的迫切需求。

9.5.1 大豆多肽在减肥功能性食品中的应用

大豆多肽是一种从大豆中提取的生物活性物质,具有多种生理功能,其中最引人注目的是其减肥作用。大豆多肽能活化交感神经,引起发热脏器褐色脂肪功能的激活,阻止脂肪吸收和促进脂质代谢,使人体脂肪有效地减少。研究显示,大豆多肽在减肥方面的作用主要表现在以下几个方面。

（1）大豆多肽可以减少食欲。它能够刺激中枢神经,产生饱腹感,从而减少食物的摄入量。同时,大豆多肽还可以抑制胃液分泌,减缓胃肠蠕动,进一步降低食欲。

（2）大豆多肽可以促进脂肪代谢。它能够刺激脂肪酶的活性,加速脂肪的分解和代谢,减少脂肪在体内的堆积。同时,大豆多肽还可以抑制脂肪的吸收,进一步降低体内脂肪含量。

（3）大豆多肽还可以提高代谢率。它能够刺激代谢酶的活性,加速能量的消耗和代谢,从而提高代谢率。代谢率的提高有助于燃烧更多的热量,进一步促进减肥效果。

除了大豆多肽外,还有一些其他的辅助减肥的物质,如丙酮酸钙、左旋肉碱和荷叶粉等。这些物质也具有各自的减肥作用机制,如丙酮酸钙能够加速三羧酸循环,促进 ATP 的合成,减少体内贮存脂肪的功能;左旋肉碱能转运活化脂肪酸进入线粒体,增强脂肪氧化,促进脂肪代谢,产生减肥作用;荷叶粉具有减少脂肪吸收、润肠通便的作用。

9.5.2 酪蛋白糖巨肽在减肥功能性食品中的应用

酪蛋白糖巨肽(Casetn Glycomacropeptide, CGMP)是一种从乳清浓缩蛋白中分离出来的活性肽,具有抑制胃液分泌和调节肠道功能的作用。

研究如何调节前脂肪细胞的增殖和分化对于肥胖及相关疾病的治疗具有重要意义。CGMP 对前脂肪细胞的影响研究发现,CGMP 能抑制前脂肪细胞的增殖,提示其可能用于治疗肥胖和控制体重。然而,其确切机制及能量的去处尚有待于深入研究。此外,CGMP 还可以抑制胃液分泌和减慢胃肠的蠕动,这与其结构特性密切相关。

未来还需要深入研究 CGMP 的作用机制和能量去除,以及其在肥胖及相关疾病治疗中的应用前景。同时,对于 CGMP 的结构与功能关系也需要进一步探讨,以期为开发新型功能性食品或药物提供更多有价值的线索。

9.5.3 大豆球蛋白在减肥功能性食品中的应用

大豆球蛋白在减肥功能性食品中的应用主要基于其降低血脂和改善胰岛素抵抗的作用。这些作用对减肥具有积极的影响,能够帮助减肥者有效地降低体重。

大豆球蛋白可以降低血脂,减少血液中的"坏胆固醇",同时不影响"好胆固醇",有助于降低心血管疾病的风险。此外,大豆球蛋白还可以改善胰岛素抵抗,提高细胞对胰岛素的敏感性,促进葡萄糖的吸收和利用,有助于控制血糖水平。

除了大豆球蛋白,大豆分离蛋白和大豆肽也是减肥功能性食品中的重要成分。大豆分离蛋白是一种高蛋白、低脂肪、低胆固醇的营养补充剂,适合减肥人群食用。大豆肽是大豆蛋白质水解生成的短肽,能够快速被肠道吸收,提高饱腹感和能量消耗,并影响油脂的吸收积累,从而起到减肥的作用。

在减肥功能性食品中,大豆球蛋白可以与其他成分配合使用,如膳食纤维、绿茶提取物等,以增强减肥效果。膳食纤维有助于增加饱腹感,减少食物摄入量;绿茶提取物含有茶多酚等成分,具有抗氧化和降脂作用,有助于减肥。

需要注意的是,减肥功能性食品并不能代替正常的饮食,也不能保证快速减肥的效果。减肥需要结合合理的饮食和运动,长期坚持才能取得理想的效果。同时,选择正规品牌、质量可靠的减肥功能性食品也是非常重要的。

参考文献

[1] 刘景圣,孟宪军.功能性食品[M].2版.北京:中国农业出版社,2021.

[2] 郑建仙.功能性食品学[M].北京:中国轻工业出版社,2019.

[3] 张小莺,孙建国,陈启和.功能性食品学[M].2版.北京:科学出版社,2019.

[4] 车云波,贾强.功能性食品开发与应用[M].北京:中国医药科技出版社,2019.

[5] 孙金才.功能性食品[M].北京:中国轻工业出版社,2023.

[6] 杜瑞平,王潇.生物活性多糖功能及其应用[M].北京:中国农业出版社,2021.

[7] 赵全芹,孟凡德.功能性食品化学与健康[M].北京:化学工业出版社,2020.

[8] 罗登林.膳食纤维加工理论与技术[M].北京:化学工业出版社,2020.

[9] 李静舒.荞麦活性物质研究及产品加工[M].咸阳:西北农林科学技术大学出版社,2021.

[10] 肖敏,魏彦梅.植物生理活性物质及开发应用研究[M].长春:吉林科学技术出版社,2022.

[11] 袁勤生.超氧化物歧化酶[M].上海:华东理工大学出版社,2019.

[12] 邱燕翔,黎海彬.功能活性肽制备关键技术及其产品[M].广州:华南理工大学出版社,2021.

[13] 包卫洋,赵前程,王祖哲.海洋生物活性肽的研究与产业化[M].北京:海洋出版社,2020.

[14] 高丹丹.生物活性肽原理与技术[M].北京:化学工业出版社,2017.

[15] 汪少芸.功能肽的加工技术与活性评价[M].北京:科学出版社,2019.

[16] 王立晖.生物活性多肽特性与营养学应用研究[M].天津:天津大学出版社,2016.

[17] 罗永康.生物活性肽功能与制备[M].北京:中国轻工业出版社,2019.

[18] 杨绍青,刘学强,刘瑜,等.酶法制备几种功能性低聚糖的研究进展[J].生物产业技术,2019(4):16-25.

[19] 邹月,黄金凤,魏琴.功能性低聚糖的研究进展及应用现状[J].中国调味品,2021,46(2):180-185+195.

[20] 台一鸿,石良.功能性低聚糖的生理功能及应用研究进展[J].食品安全导刊,2019(12):175-177+183.

[21] 刘奇奇,徐婷,梁舒婷,等.膳食纤维制备方法和应用研究进展[J].粮食与食品工业,2023,30(2):27-29.

[22] 金晓,苏日古嘎,张园园.功能性低聚糖或糖醇促进大鼠肠道内矿物质吸收的研究进展[J].畜牧与饲料科学,2022,43(3):59-63.

[23] 王少伟,张金秋,戚繁,等.功能性低聚糖的应用研究进展[J].现代食品,2020,(18):59-61.

[24] 王静,李超君,陆学洲,等.膳食纤维生理功能、制备方法及其在食品加工中的应用[J].保鲜与加工,2023,23(4):74-80.

[25] 白希,陈爽,周灿兰,等.亚油酸分离纯化技术研究进展[J].中国油脂,2022,47(9):122-128.

[26] 巩振虎,刘义章,周凯,等.α-亚麻酸的制备与分离技术研究进展[J].商丘师范学院学报,2021,37(12):24-27.

[27] 黄昭先,陈靓,王翔宇,等.高品质大豆浓缩磷脂的制备[J].食品工业,2020,41(3):61-64.

[28] 景联鹏,唐徐禹,顾丽莉,等.植物中黄酮类化合物提取技术研究进展[J].纤维素科学与技术,2021,29(4):60-70.

[29] 闵玉涛,宋彦显,聂卉,等.仙人掌超氧化物歧化酶提取、部分纯化及其饮料的制备[J].食品工业,2020,41(5):35-38.

[30] 张志旭,陈金发,张杨波,等.超临界萃取茶多酚工艺优化及

萃取物茶多酚对化妆品的功效影响研究 [J]. 茶叶通讯,2020,47（3）：462-466.

[31] 张文娟,刘雪娜,李丽维,等 . 茶多酚生理机制及其保健食品研发进展 [J]. 食品研究与开发,2023,44（5）：217-224.

[32] 于群 . 酶法水解全蛋白分子生产生物活性肽技术分析 [J]. 现代盐化工,2020,47（6）：33-34.

[33] 张熙旻,吕道飞 . 天然活性肽的提取及应用研究进展 [J]. 当代化工研究,2023（20）：14-16.

[34] 彭诗雨,宋洪东,管骁 . 用于包覆活性肽的脂质体的制备及稳定性评价 [J]. 食品与发酵科技,2022,58（6）：16-22+46.

[35] 苏娜,吉日木图,伊丽 . 驼乳肽生物功能特性的研究进展 [J]. 食品科学,2020,41（21）：321-329.

[36] 李欢 . 金属硫蛋白及其生物学功能 [J]. 天津化工,2021,35(5)：8-10.